“十二五”职业教育国家规划教材立项

老年服务伦理与礼仪

LAONIAN FUWU LUNLI YU LIYI

孟令君 刘俊敏◎主 编

海洋出版社

2025年·北京

内 容 简 介

本书依据教育部 2014 年正式颁布的《老年人服务与管理专业教学标准》而编写，重点突出职业特色，强调实际动手能力培养。

主要内容：本教材论述了老年服务伦理的基本理论，呈现了老年服务的基本礼仪，全书分为上、下两篇。上篇为老年服务伦理，包括认知老年服务伦理、老年服务伦理的道德规范、老年服务伦理的道德养成、传承与弘扬孝道文化四个模块。下篇为老年服务礼仪，包括老年服务礼仪培养的意义、符合职业要求的仪容、得体的着装服饰、从容自信的举止、语言的艺术五个模块。

本书特色：1. 本教材是为职业院校老年人服务与管理专业核心课程“老年服务伦理与礼仪”量身定做；2. 以学生特点为本，不仅理论知识讲解通俗实用，而且考虑到学生学习的动力所在；3. 针对学生特点，注重表现形式的新颖性；4. 在内容和形式设计上，强化实际操作训练。

适用范围：本书适合职业院校老年人服务与管理专业和相近专业学生作为教材使用。由于该专业教学标准涵盖了《养老护理员国家职业技能标准》（2011 年修订）和《秘书国家职业标准》（2006 年版），因此本书也适合养老机构和社会培训机构作为培训教材使用。

图书在版编目(CIP)数据

老年服务伦理与礼仪/孟令君，刘俊敏主编. — 北京：海洋出版社，2017.2（2025.8 重印）
ISBN 978-7-5027-9723-2

Ⅰ. ①老… Ⅱ. ①孟… ②刘… Ⅲ. ①老年人－社会服务－伦理学－职业教育－教材 ②老年人－社会服务－礼仪－职业教育－教材 Ⅳ. ①TS976.34

中国版本图书馆 CIP 数据核字（2017）第 028175 号

责任编辑：张曌嫘　张鹤凌
责任印制：安　淼
排　　版：晓　阳

出版发行：海洋出版社

网　　址：www.oceanpress.com.cn
地　　址：北京市海淀区大慧寺路 8 号
邮　　编：100081
经　　销：新华书店

发 行 部：（010）62100090
总 编 室：（010）62100034
承　　印：三河市人民印务有限公司
版　　次：2017 年 5 月第 1 版
2025 年 8 月第 7 次印刷
开　　本：787mm×1092mm　1/16
印　　张：14.25
字　　数：240 千字
定　　价：42.00 元

老年人服务与管理专业教材编审委员会

老年人服务与管理专业教材编写委员会

顾　问　赵红岗（北京社会管理职业学院）

　　　　　时念新（菏泽家政职业学院）

主　任　屠其雷（北京社会管理职业学院）

副主任　袁慧玲（菏泽家政职业学院）

委　员（按姓氏音序排列）

　　　　　郭　丽（菏泽家政职业学院）

　　　　　胡英娣（河北女子职业技术学院）

　　　　　李素珍（河北女子职业技术学院）

　　　　　马晓风（菏泽家政职业学院）

　　　　　孟令君（北京社会管理职业学院）

　　　　　倪晶晶（宁波卫生职业技术学院）

　　　　　单　奕（钟山职业技术学院）

　　　　　王　丽（北京社会管理职业学院）

　　　　　王　丽（宁波卫生职业技术学院）

　　　　　朱小棠（北京社会管理职业学院）

　　　　　朱晓卓（宁波卫生职业技术学院）

前言

众所周知，中国已经成为老龄人口大国，对养老服务产业提出了巨大的需求，养老服务已成为当今一项重大的民生工程，但与此相关的人才素质和培养却显得落后，远远跟不上行业发展的需求。故 2014 年 6 月教育部等九部门出台了《关于加快推进养老服务业人才培养的意见》，强调要加快推进养老服务相关专业教育体系建设，引导和鼓励职业院校增设养老服务相关专业。在这样一个大背景下，教育部颁布了《老年人服务与管理专业教学标准》，我们承担了其核心课程“老年服务伦理与礼仪”教材的编写任务。

主要内容

本教材重点论述了老年服务伦理的基本理论，呈现了老年服务的基本礼仪。全书分为上、下两篇。

上篇为老年服务伦理。此部分包括“认知老年服务伦理”“老年服务伦理的道德规范”“老年服务伦理的道德养成”“传承与弘扬孝道文化”四个模块，每个模块通过不同的学习任务对内容进行贯穿。

下篇为老年服务礼仪。此部分包括“老年服务礼仪培养的意义”“符合职业要求的仪容”“得体的着装服饰”“从容自信的举止”“语言的艺术”五个模块，每个模块通过不同的任务对老年服务涉及的基本技能进行归类，并明确了基本知识和方法。

编写原则

依照行业专业标准，参阅了国内外有关老年服务伦理与礼仪的专著和教材，并在老年服务一线专业人员的指导下，走访了多家老年服务机构，再结合多年来的实际教学经验，最终编写成这本教材。在编写过程中，力图体现以下几个原则。

原则一：简明

针对学生自身文化素质的特点，本教材对于伦理学的基本知识，并不追求、体现其系统、深奥的特点，只阐述浅显理论，不做深挖细掘。例如，在教材的上篇，只对老年服务伦理的基本知识作了介绍，如什么是伦理、道德？什么是老年服务伦理？老年服务伦理的基本规范主要有哪些？如何养成良好的道德？微言大义，只讲一些基本的常识。

原则二：实用

大部分学生毕业后将从事与老年服务与管理相关的工作，教材遵循并体现了学生需要什么就编写什么的原则。例如，学生在步入职场之前，道德素养方面需要进一步提升，缺乏对老年人服务的热爱，教材就通过“老年服务伦理的道德规范”模块加以体现；针对学生不了解道德养成的途径，教材编写了“老年服务伦理的道德养成”模块；针对大部分学生为独生子女，在家庭备享长辈关爱，不太懂得对老年人尽孝的现状，教材专门编写了“传承与弘扬孝道文化”模块；针对大部分学生毕业后所从事的岗位，教材对老年服务的礼仪进行了梳理，编写了“老年服务礼仪培养的意义”“符合职业要求的仪容”“得体的着装服饰”“从容自信的举止”“语言的艺术”五个模块。

原则三：趣味

针对中职学生的生理和心理特点，教材在文字表达、内容选取以及版面设计上，尽可能体现感性、形象性、活动性、实践性为主，增强教材的趣味性。例如，考虑到学生的兴趣爱好，教材选择了学生们生活学习中以及志愿活动中经常发生的事件作为案例，选择学生们平时感兴趣的话题作为知识小链接。无论是教师讲授，还是学生自学，教材均为学生趣味性地内容欣赏和学习打下了良好的基础。

编写特色

虽然老年服务伦理和老年服务礼仪不尽相同，但它们却相互关联。从表现层次来看，老年服务礼仪是老年服务伦理水平的外在表现；从社会功能看，老年服务伦理为老年服务礼仪展现提供巨大的精神力量。

特点一：为老年人服务与管理专业量身定做

本教材依照教育部新颁布的《老年人服务与管理专业教学标准》中确定的培养目标和要求、职业范围、人才规格等进行编写。“老年服务伦理与礼仪”作为专业核心课之一，是以培养学生的专业核心能力为目标，力图让学生具备良好的老年服务职业素养，掌握养老服务礼仪规范。根据课程定位以及学生未来的就业岗位，教材的编写力图做到：以科学的老年服务伦理与礼仪观为指导，以礼仪规范流程为框架，以老年服务从业人员的工作为主线；以提高老年人的服务质量为目标，以解决老年服务中不道德行为为重点，在内容上进行了专门设计。

特点二：以学习者、课程的学习特点为本

首先做到理论简单实用。前四个模块，将伦理礼仪的理论简单化，注重讲解出处、用处；后五个模块多讲礼仪技巧，以提高效率。力图实现用最通俗的语言告诉学生，理论从哪里来，到哪里去，学了有何用，使学生容易理解并运用到学习、生活和未来的工作中。目前，职业院校教材在结构设计方面，较少从学习者心理结构的形成、发展需求来进行一体化设计，更少考虑学习者的能力层次，存在着不能根据学生的认知规律及技能的形成规律设计教材的通病。我们努力站在学习者的角度思考问题，认真考虑学习者学习的动力在哪儿，通过模块化设计和设置适宜的互动环节，让学习者多参与到教学中来，使学生在听课的同时，多动手、动脑，以锻炼学生的思维能力和解决问题的能力。

特点三：注重教材表现形式的新颖性

针对学生整体素质和能力的特点，在教材的表现形式上注重以下几点：就文字角度而言，力求通俗易懂，新颖活泼；就版面编排角度而言，力求图文搭配，版式灵活。新颖的表现形式有利于激发学生的学习兴趣，有助于消化教学内容。教材中每个模块前都有案例导入或活动导入，引发学习者的兴趣；教材正文安排了适量、可读的案例故事，从正、反两个方面介绍老年服务行业的经验和教训；正文中还穿插了具有趣味性的小链接，以扩大学生的知识面，激发学生的学习兴趣。

特点四：注重实践环节

教材从内容和形式的设计上，均强调实际操作训练。每个模块均有案例穿插其中，引发学生的思考；模块后的思考题类型多样，案例分析题为学生的实际操作提供了素材；特别是根据后四个模块技巧性强的特点，每个模块均增加了一个专门的实操训练的模块，以促进学生对理论规范的理解，激发学生的学习兴趣，锻炼学生对礼仪技能、礼仪规范的掌握能力。

教学建议

学时安排建议：

本课程建议安排在第二或第三学期进行，建议一学期完成教学内容。建议学时 64 个。学时分配建议：模块一，6 学时；模块二，6 学时；模块三，6 学时；模块四，4 学时；模块五，6 学时；模块六，8 学时；模块七，8 学时；模块八，10 学时；模块九，8 学时；考前答疑，2 学时。

教学组织形式建议：

本课程的教学应该紧紧围绕老年人服务与管理的行业和岗位技能要求以及学生的特点设计教学组织形式，运用理论讲授、案例分析、小组研讨、情境模拟、实操训练等形式，实现“做中学、做中教”，激发学生的学习兴趣，提高学生的学习效率。

教师还要鼓励学生参加相关的专业技能比赛（观摩）、老年服务志愿活动等实践活动，检验自己的学习成效，反思自己的学习过程，进一步促进提高学习效果。

教师要充分利用校内实训室进行教学实训环节。学生要在教师的指导下进行实训，以角色扮演的方式、以虚拟“准员工”的身份参加老年服务的活动。有针对性地安排学生与老年服务机构“零距离”接触，在校学习的技能在机构得到验证实施与强化，以便检验学习效果，进一步加深学生的伦理认知。

自学建议

建议一：阅读教材，读懂教材

一是利用课下时间阅读，对教材的内容进行预习和复习；二是在课堂上充分利用教师提供的阅读时间，争取读懂。教材中既有对老年服务伦理与礼仪现象的描述，也有对现象的分析；既有现实中正面的案例，也有反面的警示；既有一定理论性的概念、规则，也有较强操作性的规范和技巧。阅读中对不甚理解的要做标记，并通过查阅资料、请教老师和同学等方式弄懂为止。

建议二：理解目的，实现目的

本教材目的是使学生通过学习，了解老年服务伦理的基本理论，学会思考哪些决定可控制老年服务工作的道德尺度。在为老年人服务时，如何能更坚信自己的道德观，如何更完美地实现自己的道德观。但是，最终目标在全书中被分割成众多的、容易实现的小目标——模块。为使一些小目标更加清楚，每个模块开头都列出了学习目的。学习时学生首先要对学习目的有所认知。学习是否有效取决于理解许多不同的概念和练习各种技巧，取决于这些目的是否实现以及在多大程度上实现。可见，每个模块的学习目的就是检验学习有效性的一个标准。

建议三：小组合作，展示自我

小组合作是一种很好的自学方式，可以使学生“人人有岗位、人人有事做”地快乐学习。在小组合作学习中，通过点评、质疑和讨论，可以有效提升学生的思维能力和语言表达能力；通过小组成员间的互相帮助、互相评价、互相监督、互相管理，可以使学生的人际交往能力得到增进；可以使学生的自我约束、时间管理、计划学习等自主管理能力得到提高。特别重要的是，通过角色扮演这种小组合作形式，学生可以在虚拟的老年服务过程中，感知服务对象的需求，表达服务者的爱心，展示服务者的礼仪形象。这种过程的重复，非常有助于学生对规则的理解和对技巧的把握。

建议四：日常训练，养成习惯

“老年服务伦理与礼仪”是一门实践性很强的课程。书本知识掌握得再好，并不等同于技能掌握得好；只注重课堂上的学习和训练，技能就不会掌握得规范和熟练。学生要有意识地抓住学习生活的各种场合，揣摩老年服务伦理道德，训练为老年人服务的各种礼仪。

利用好与教师互动的环节。师生之礼，是学生对自己进行礼仪培养的中心环节。一个学生在长期的学习过程中，如果把师生之礼贯穿始终，天长日久，就会在培养自己的礼仪人格上受益。

还要有意识、有目的地在与老年人的互动中学习礼仪。与老年人的共同生活中，我们能不能理解老年人的行为，在公共场合我们能否采取适宜的方式帮助老年人？主动应对这种考验，在过程中学习，特别有助于老年服务礼仪的养成。也要在与同学的互动中培养自己的礼仪。学生在与同学相处中，有意识地去践履这些礼仪，成长中必定受益匪浅。

读者对象

本书可作为老年人服务与管理专业核心课程“老年服务伦理与礼仪”的教材，也可供老年服务类专业学生的道德素养、礼仪技能等课程教学之用，也是老年服务行业一线从业人员很好的自学教材。

编写团队

孟令君、刘俊敏作为主编，负责修订编写大纲，并分配编写任务，完成最后的统稿工作。团队的五名成员具体承担的编写任务如下：模块一，刘俊敏；模块二、模块四，曹雅娟；模块三，何付霞；模块五，孟令君；模块六、模块七、模块八、模块九，亓娜。

致谢

本书在编写大纲的制定过程中征询了江西民政学校、黑龙江省孤儿职业技术学校等老年人服务与管理专业的负责人及教师的意见，他们均给予了有益的建议。

老年服务行业一线实务人员也为教材的编写提供了许多案例。

来自教育部、人力资源和社会保障部、高职院校和养老机构的专家、教授对编写大纲和书稿进行了多次论证与审稿，提出了很多有价值的修改意见。

在此，一并向上述所有为本教材做出贡献的专家、同行表示最诚挚的感谢！

编者

目录

上篇　老年服务伦理

下篇　老年服务礼仪

上　篇

老年服务伦理

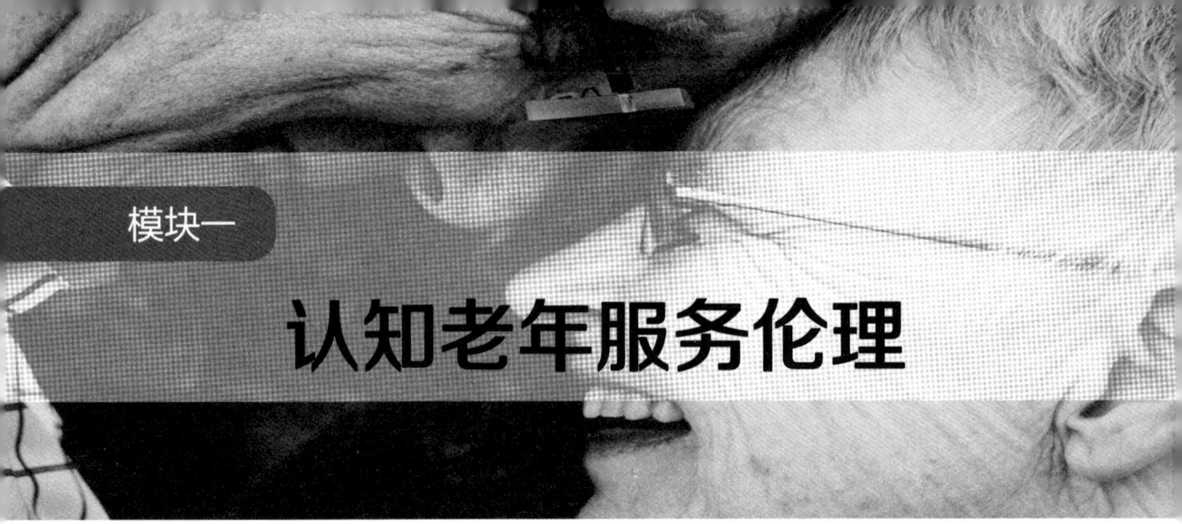

模块一

认知老年服务伦理

学习目标

1. 能够理解伦理、道德和职业道德的含义。

2. 能够熟知老年服务伦理的内涵和基本原则。

3. 能够运用老年服务伦理的基本原则分析、辨析老年服务工作中存在的伦理问题。

案例导入

古希腊哲学家苏格拉底喜欢到热闹的雅典市场上去发表演说和与人辩论问题。这一天，苏格拉底来到市场上，他拉住一个过路人问道："人人都说要做一个有道德的人，但道德究竟是什么？"那人回答说："忠诚老实，不欺骗别人，才是有道德的。"苏格拉底问："但为什么和敌人作战时，我军将领却千方百计地去欺骗敌人呢？""欺骗敌人是符合道德的，但欺骗自己人就不道德了。"苏格拉底反驳道："当我军被敌军包围时，为了鼓舞士气，将领就欺骗士兵说，我们的援军已经到了，大家奋力突围出去。结果突围果然成功了。这种欺骗也不道德吗？"那人说："那是战争中出于无奈才这样做的，日常生活中这样做是不道德的。"

苏格拉底又追问起来："假如你的儿子生病了，又不肯吃药，作为父亲，你欺骗他说，这不是药，而是一种很好吃的东西，这也不道德吗？"那人只好承认："这种欺骗也是符合道德的。"

苏格拉底并不满足，又问道："不骗人是道德的，骗人也可以说是道德的。那就是说，道德不能用骗不骗人来说明。究竟用什么来说明它呢？还是请你告诉我吧！"

那人想了想，说："不知道道德就不能做到道德，知道了道德才能做到道德。"

苏格拉底这才满意地笑起来，拉着那个人的手说："您真是一个伟大的哲学家，您告诉了我关于道德的知识，使我弄明白一个长期困惑不解的问题，我衷心地感谢您！"

问题讨论

什么是道德？

任务一　让美德占据灵魂

一、道德

（一）道德的含义

"道"与"德"这两个概念在中国古代是分开使用的。"道"，最初的含义是道路，后引申为原则、规律、道理或者学说的意思。而"德"者，得也，即人们认识了"道"，内得于己，外施于人。换句话说，人们在处理与他人的关系时，一方面能够将善念存于心，提高自己的道德修养，获得精神上的愉悦，这就是"内得于己"；另一方面，对外做事讲究道德操守，不损害他人利益，这就是"外施于人"。战国时期的荀况首次将"道德"二字合用。先秦以后，"道德"一词逐渐有了确切的含义，指做人的品质、精神境界和处理人与人之间关系时应当遵守的道德规范和道德原则。在西方，"道德"一词起源于拉丁语"Mores"，原意指风俗、习惯，后被引申为道德原则、规范、品性和善恶评价等内容。

马克思主义伦理学在继承和批判了西方思想家对道德问题的理解和思考的基础上，将道德定义为以善恶为评价标准，主要依靠社会舆论、传统习俗和内心信念来维系的心理意识、原则、规范和行为活动的总和。也就是说，在社会生活中，我们常常会对自己和他人的行为，依据一定的标准作出是非判断，有时依据自己的内心感受作出判断，有时依据法律作出判断，有时是以善恶为判断标准的。而以善恶为判断标准进行的价值判断就是道德判断。善，即有利于他人、有利于社会的行为；恶，即危害他人、危害社会的行为，是不道德的行为。

道德的评价方式包括社会舆论、传统习俗和内心信念。社会舆论和传统习俗是社会评价方式，传统习俗以“合俗”“不合俗”来评价人们行为的善恶，使人们感到某种道德规范是“历来如此”和“应当如此”，从而不自觉地服从某种道德规范。社会舆论是群众对某人某事的制裁，它对某一个人行为品质的赞扬和谴责，将对其产生重大而深远的影响，它能有力地促使人们按一定的道德规范去行为。内心信念即良心，则是一种自我评价方式，它是行为者内心的法庭，主要评判行为者自己的行为，它的作用在于使人们在遵行了道德规范时，心灵感到满足和愉悦，违反了它就感到不安、歉疚和羞愧，从而极大地影响着人们的行为。

简而言之，道德是人们共同生活及行为的准则与规范。它约束人们且帮助人们，假如没有道德或失去道德，人类社会和动物世界就会没有区别，人们也就无理性无智慧可言。

（二）道德的作用

1. 美德引领人生发展

美德的养成能够提高人的精神觉悟，促进人的不断完善。人们在美德的指引下，会选择真善美的行为，避免错误、虚伪的行为，内心会感到愉悦和满足。这样就会在学习和工作中激发巨大的精神力量，充分调动积极性和创造性，开发潜能，取得事业成功。同时，与具有良好道德修养的人交往时，他们能够给人一种舒适愉快的感觉，容易赢得他人的极大好感，从而提高交际的成功率，得到他人的肯定和支持，为自己创造一个有利的发展环境。

2. 美德促进社会和谐

道德作为一种行为准则，通过学校教育、榜样示范、精神物质激励和社会舆论评价等形式，为人们提供了是与非、对与错的行为标准，规范了人们社会生活中的交往行为，协调了人与人之间的关系，化解矛盾，增进团结，促进社会和谐。同时，道德作为人们共同的价值观念、行为准则和评价标准，是人们行为的规范，促使人们在生活中团结协作、友好相处，共同维护社会的安定团结、和谐稳定。

爱因斯坦曾说过：“学校的目标始终应当是，青年人在离开学校时，是作为一个和谐的人，而不是仅仅作为一个专家，否则，他连同他的专业知识就像一只受过专业训练的狗，而不是一个和谐发展的人。”

正如诗人但丁所说：“一个知识不全的人可以用道德去弥补，而一个道德不全的人却难以用知识去弥补。”因此，希望学生通过学校教育和社会实践成为一个有道德、有梦想、有奋斗和奉献精神的人。

（三）弘扬中华传统美德

中华民族自古就崇尚道德，重视道德在国家和社会发展中的作用，形成了源远流长的优良道德传统。概括起来，中华民族优良道德传统主要包括注重整体利益、国家利益和民族利益，强调对社会、民族、国家的责任意识和奉献精神；推崇“仁爱”原则，追求人际和谐；讲求谦敬礼让，强调克骄防矜；倡导言行一致，强调恪守诚信；追求精神境界，重视道德需要；强调道德修养，倡导道德主体要在完善自身中发挥自己的能动作用。此外，孝敬父母、尊老爱幼、宽厚待人、勤劳节俭以及自强不息、见义勇为等，也是中华传统美德的重要内容。

这些优良道德传统内涵丰富，博大精深，是中华民族的根，也是每一个中国人的根。在当前全面建设小康社会与发展社会主义市场经济的条件下，人们思想活动的独立性、多变性、差异性不断增强，价值取向呈现多样化的趋势，道德观念呈现复杂多变的特征，继承和弘扬中华民族优良道德传统，有利于中华民族共有精神家园的构建，也有利于我们每个人道德修养的培养。

二、伦理

（一）伦理的含义

伦理，顾名思义，指人伦之理或做人之理。在古汉语中，“伦”是“辈”或“类”的意思，引申为人与人之间的关系。古人说“五伦”，就是指人与人的五种关系。“理”最早指玉石上的条纹，后引申为条理、道理和规则。“伦理”二字连用最早见于秦汉之际的《礼记》：“乐者，通伦理者也。”由此可以看出，伦理就是指处理人与人之间关系的道理和规则。在现实生活中，我们会面临一些相当困惑而又亟待解决的问题，比如在某种特殊情况下，老年服务从业人员是否要说出自己所知道的事情真相，而这个真相会影响老人的生活或利益；或者做了某件事情，这件事引起老人的非议，自己也感到极度不安和焦虑等。这些对现实问题的自觉和反省就隐含着伦理问题，也直接推进了伦理实践。

（二）伦理学的含义

在英文中，伦理学（Ethics）源自希腊文，最初的意思是表示一群人共同居住的地方，后引申为这群人的性格、气质以及所形成的习俗习惯。古希腊著名哲学家亚里士多德把这个词的意义加以扩大和改造，构建了一个以人类道德现象为研究对象的科学，即伦理学，又称“道德哲学”。因此，伦理学是研究人们相互关系的道理和规则的学科，也是研究道德起源、本质、作用及其发展规律的学科，其目的在于规范人们的社会行为，形成适应一定社会所需要的道德风尚和精神文明，稳定社会秩序，巩固经济关系，促进人的全面发展。正如德国伦理学家包尔生所说：“正像身体和生活从根源上说是由处在生理学之外的本能和不自觉的习惯所支配的一样，整个人类生活，尤其是社会活动，从根源上说也是由一种处在科学之外的道德本能支配的。”

（三）伦理与道德的区别

一般意义上，“伦理”与“道德”经常可以相互换用，甚至“伦理道德”有时会连在一起成为一个概念。但是，两者之间还是有一些差异的。比如，我们在日常生活中，可以说某个人或其行为是“不道德的”，但不会说是“不伦理的”。仔细体会，我们会发现“道德”更多或更有可能用于人，偏向主观、主体、个人、个体意味；而“伦理”更具客观、客体、社会、团体的意味。道德多指对个人行为的判断，它按照风俗、习惯和观念直接判定个人行为的正当与否。伦理多指行为判断标准，它通过对风俗习惯和观念的检验和反省来对行为进行判断。

因此，在使用这两个概念的时候也稍稍有点差异，当表示规范、理论的时候，使用“伦理”一词，当表述现象、问题时，则使用“道德”一词。

三、职业道德

（一）职业道德的含义

职业的通俗说法就是人们所从事的工作。社会分工造成了职业划分，职业也因此具有了特定的业务要求和职责规定。为了使职业活动顺利进行以达到其目的，人需要在职业活动中内在地调整好各种各样的关系。如何处理职业活动与社会需求的关系，如何处理职业内部和不同职业之间的关系以及从业人员如何对社会尽职尽责，自觉履行自己的义务，就是职业道德所要解决的问题。因此，职业道德就是指从事一定职业的人在职业生活中应当遵循的具有职业特征的道德要求和行为准则，涵盖了从业人员与服务对象、职业与职工、职业与职业之间的关系。它由职业理想、职业态度、职业技能、职业责任、职业良心、职业荣誉、职业纪律和职业作风 8 个要素构成。

（二）职业道德的特征

职业道德是社会道德体系的重要组成部分，是一般社会道德在职业生活中的特殊表现，由于与职业活动相联系，因而具有具体职业或行业的特征，且具有较强的职业性、继承性、规范性和多样性。

在调节范围内，职业道德具有职业性特征。职业道德是在特定的职业生活中形成的，只有从事一定职业的人才会产生与其职业相应的道德品质和情感，某种职业道德规范也只在职业范围内发挥调节和教育作用。从事不同的职业，其职业道德内容也有所不同，如“尊老爱老”的养老护理员职业道德与“为人师表、教书育人”的师德是不同的。

从内容上讲，职业道德具有继承性的特征。职业道德总是同相应的职业生活和职业要求相结合，由于人们长期从事某种职业活动，便形成了特定的、较稳定的职业心理、职业观念和职业行为规范，并代代相传，形成职业传统。即使在不同的社会经济发展阶段，同样一种职业因服务对象、服务手段、职业利益、职业责任和义务相对稳定，职业行为的道德要求的核心内容被继承和发扬，从而形成被不同社会发展阶段普遍认同的职业道德。如经商的不缺斤少两、不以次充好，医师的不危害病人等，是长期流传下来的最起码的职业道德。

规范性特征是一般道德共有的特征，无论什么道德都是通过道德原则和道德规范体现出来的。职业道德的规范性表现在从业人员一定要详尽了解本职业道德内容，并始终遵循。

从形式上讲，职业道德具有多样性特征。随着社会分工及专业化程度的提高，职业越来越多样性，而每个行业又有其具体的职业道德。可以说有多少种分工，就有多少种职业道德。同时，为便于从业人员的实践，职业道德都是从本职业活动的实际情况出发，用条例、守则、制度、承诺、誓言、公约、保证等形式来表达，内容具体且明确。

（三）职业道德的作用

职业道德能够调节从业人员相互之间的关系，同时对提高企业、社会道德水平都起到十分重要的作用。

职业道德规定了从业人员在职业生活中的行为要求，体现了本职业对社会所承担的道德责任和义务。每个从业人员都应该自觉遵守和忠实地履行自己的职业道德。只有这样，职业活动才能有正常的秩序，社会经济等各种活动才能健康发展，如职业道德规定了老年服务从业人员怎样对老人负责，销售人员怎样对顾客负责等。

良好的职业道德有助于维护和提升企业的形象。职业道德是从伦理上调节企业与社会、企业与企业、企业与职工、职工与职工之间关系的行为规范。一方面，它规范着企业遵守市场竞争规则，提供优质产品和服务，是制衡企业外部形象的重要尺度；另一方面，它促使职工以主人翁的姿态从事本职工作，形成人人关注企业经营、人人重视企业效益、人人珍视企业信誉的良好风气，也是企业内部形象的重要衡量尺度。

良好的职业道德有助于提高整个社会的道德水平，促进和谐社会建设。职业道德是公民道德建设中的重要内容。如果每个人都爱岗敬业、诚实守信、公平公正、无私奉献，就会促进良好社会道德风气的形成。

社会主义的职业道德是适应社会主义物质文明和精神文明建设的需要，在共产主义道德原则的指导下，批判地继承了历史上优秀的职业道德传统的基础上发展起来的。由于社会主义的各行各业没有高低贵贱之分，职业内部的从业人员之间、不同职业之间没有根本的利害冲突，因此，不同职业的人们可以形成共同的要求和道德理想，增强热爱本职工作的责任感和荣誉感。中国各行各业制定的职业公约，如商业和服务行业的“服务公约”、科技工作者的“科学道德规范”以及工厂企业的“职工条例”中的有些规定，都属于社会主义职业道德的内容，它们在职业生活中已经发挥了巨大的作用。

任务二　学理论，夯基础

一、老年服务伦理的界定

（一）老年服务行业的现状

自 1999 年中国正式进入老龄化社会以来，“老有所养”成为社会关注的焦点。根据国家统计局发布的《2014 年国民经济和社会发展统计公报》的数据显示，截至 2014 年年底，我国 60 周岁及以上人口数为 21 242 万人，占总人口比重为 15.5%；65 周岁及以上人口数为 13 755 万人，占比 10.1%，首次突破 10%。其中，农村留守老人、城市空巢老人人数不断增加，生活不能自理或者半自理的老年群体规模不断扩大。全国第六次人口普查数据显示，我国“独居空巢家庭”占比达 16.40%，“空巢家庭”为 15.37%，二者合计为 31.77%，比 2000 年提高了近 10 个百分点，而截至 2013 年年底，失能、半失能老年人已达 3700 万。

我国人口老龄化呈现出增速快、高龄化、失能化、空巢化的特点，给我国老年服务行业的发展提出了新的机遇和挑战，为这些老年群体中的弱势人群提供专业化照料和护理的老年服务事业发展迫在眉睫。

受到传统文化的影响，家庭养老模式一直是我国最主要的养老方式，但随着现代生活方式的改变，社会竞争激烈，生活节奏日益加快，中青年一代正面临着工作和生活的双重压力，在陪伴父母、照顾父母方面力不从心，更不要说照护失能、半失能老年人。这意味着，以儿女、家族为基础的传统养老模式面临着巨大的变化。现代家庭里的老人，除了自己照顾自己外，更多要依靠社会资源来解决养老问题，需要更多的“社会支持”。

近年来，国家高度重视养老产业发展，从制度、政策、法律等多方面加大对养老产业的支持，老年服务行业得到快速发展，初步建立以居家为基础、社区为依托、机构为支撑的养老服务体系，具体表现为以下四个方面。

第一，出台了《中华人民共和国老年人权益保障法》(以下简称《老年人权益保障法》)等法律保障老年人基本权益，2013 年 9 月国务院出台了关于加快发展老年服务业的意见，鼓励老年服务机构发展，促进老年服务业繁荣。

第二，老年服务机构相比过去有了长足的发展，具有广阔的发展前景，初步建立了一支具有一定专业素养、服务良好的老年服务管理人才队伍。

第三，政府出台鼓励性政策，不断提高老年服务从业人员的福利待遇，纠正社会上对于老年服务从业人员的偏见，为老年服务人才的成长和发展提供完备的社会保障。

第四，各地出台措施鼓励中、高职技术学院开设老年服务管理专业，为老年服务事业发展提供人才保障和智力支持，标志着老年服务队伍的职业化和专业化建设迈向新的台阶。

小贴士

《老年人权益保障法》相关知识

《中华人民共和国老年人权益保障法》由中华人民共和国第十一届全国人民代表大会常务委员会第三十次会议于 2012 年 12 月 18 日修订通过，其修订思路和主要内容如下。

1.《老年人权益保障法》修订的思路

第一，把握好“三个着眼”。一是着眼于认真总结实践经验，把成熟的、具有普遍意义的经验上升为法律，增强法律的适用性；二是着眼于深入研究重点问题，着力解决现实中存在的突出问题，增强法律的针对性和可操作性；三是着眼于科学把握我国人口老龄化的发展趋势，对一些影响长远的问题作出适度超前的规定，增强法律的时代性和前瞻性。

第二，处理好“四个关系”。一是《老年人权益保障法》与其他相关法律的关系；二是巩固家庭养老基础性地位与明确政府和社会养老责任的关系；三是增进老年人福利与可持续发展的关系；四是坚持从国情出发与吸收借鉴国外先进理念和有益做法的关系。

2.《老年人权益保障法》修订的主要内容

一是集中规定了老年人享有的基本权利，主要是从国家和社会获得物质帮助、享受社会服务和社会优待、参与社会发展和共享发展成果等权利，这些权利大都体现了老年人的特殊要求。二是规定积极应对人口老龄化是国家的一项长期战略任务。这一规定从法律上明确了应对人口老龄化的战略定位，对于从国家战略层面谋划和推进老龄工作具有重要意义。三是对老年人社会保障体系和社会养老服务体系以及老年优待作出原则规定。四是从经费保障、规划制定和老龄工作机构职责三个层面进一步明确政府发展老龄事业、做好老年人权益保障工作的职责。五是强化了老龄宣传教育，以进一步增强全社会老龄意识，营造敬老、养老、助老的良好氛围。六是增加了有关老龄科研和老年人状况统计调查和发布制度的规定。七是增加了对参与社会发展作出突出贡献的老年人给予表彰奖励的规定，以鼓励老年人继续为国家建设作贡献。八是规定每年农历九月初九为老年节。

尽管有以上诸多利于老年人权益保障的政策法规，但总体上看，我国老年服务行业目前仍处在起步阶段，养老服务和产品供给不足、城乡区域发展不平衡、社区和居家养老服务发展缓慢等问题还十分突出，特别是养老服务队伍建设仍然存在服务人员短缺、专业化程度低等问题，与此同时，大量老年服务机构的建立对老年服务管理人才的需求也日益增加。

由于老年人在生理和心理上有其自身的特殊性，对所需服务和产品的要求具有特殊性和多样性特点。根据具体服务内容，可以分为日常生活照料服务、基本医疗保健护理服务、安全守护服务、法律经济援助服务、慈善救助服务、精神关爱服务、文化体育服务、老年产品销售及售后服务等几大方面，这意味着老年服务从业人员要具备服务伦理意识，不断加强职业道德修养，加深对工作内容和要求标准的理解，提高专业技能能力，提升服务水平，满足老年人多样化和个性化的需求。

（二）老年服务伦理的内涵

老年服务伦理是老年服务领域中的角色伦理和职业伦理，是以协调个人、组织和社会关系为核心的服务行为准则和规范系统，是服务行为的重要制约机制之一。学习老年服务伦理，能够指导老年服务的职业行为，控制专业水准；能够帮助服务人员对自己的身份和行为有道德的价值觉察和服膺，认识自己的角色责任，更好地为老年人提供服务，并对推动老年服务事业的全面发展具有重要的现实意义。

我们每个人都处于一定的社会关系之中，彼此都承担着一定的义务和职责，并力求在这种相互关系中创造自己的人生价值。人在这种关系和活动中的定位，借用舞台语言来说，就是“角色”。在职业高度分化和社会生活越来越向纵深发展的现代，一个人所担当的角色越来越多，比如家庭中的角色、职业中的角色、交友中的角色、公民角色等。从伦理的意义来观察角色和职业，就构成角色伦理和职业伦理。

职业伦理是关于从事某种职业的群体或个人的一些总体性的价值要求。职业伦理从社会伦理的角度确立职业的伦理规范及价值观问题。在很多时候，职业伦理可能主要体现为一种否定性方面的内容，着力解决职业领域内的伦理失范和价值混乱问题。职业伦理把从业人员视为按照职业来加以区分的特定的社会角色，并在此定位基础上对其权利与义务作出规定，这样来说，职业伦理其实就是角色伦理。

职业伦理建设的起点是角色意识的清晰和担当此角色责任的决心和行动。如同扮演戏中的新角色，一开始总是生疏甚至忘词，无法立即演得出神入化，在新的职业角色中也一样，也有一个从生疏到适应的过程。因此，职业伦理并非单纯的思想道德意识，而是在具体承担角色责任时不断练习而成的一种习惯。

职业伦理建设的目标是把外在的社会伦理作为一种根据性、规范性的东西，内化或落实为从业人员个人的道德体认，因此，职业伦理要求每个行业和岗位上从业人员的名与分统一。“名”是行业和岗位，“分”是职责和义务，也就是要求从业人员须恪守其所在职业的行为规范和伦理准则。

小贴士

养老护理员的职业守则

尊老敬老、以人为本，服务第一、爱岗敬业，遵章守法、自律奉献。

职业伦理建设有一个不断深化和升华的过程。最基本的要求是认同社会道德规范，并接受社会道德规范的约束。其次是把自己的心灵从受到规范的外在约束，变成与规范的融合，自觉地、切实地履行自己的角色职责。这一过程也是各行各业的先进工作者成长的过程。

二、老年服务伦理的基本内容

老年服务伦理与老年服务实践关系密切。老年服务伦理的基本内容和主要任务均来源于服务实践，并在服务实践中得以发展。

（一）老年服务伦理的基本内容

老年服务伦理的基本内容包括老年服务道德现象和老年服务道德关系。

老年服务道德现象是老年服务实践活动中普遍存在的各种道德关系的具体体现，它主要包括服务道德意识、服务道德规范和服务道德行为三个组成部分。服务道德意识是指服务人员在处理道德关系实践中形成的心理以及道德思想、观念和理论的总和。服务道德规范是评价服务人员的道德标准，是判断服务活动中善与恶、荣与辱、美与丑和正义与否的行为准则。服务道德行为是指服务人员按照一定的伦理原则和善恶观念而进行的伦理活动的总和。

如果一个职业的从业人员不与其他人发生任何关系，就根本没有该职业的职业伦理的存在。因此，老年服务道德关系体现在服务人员与老年人、同事和社会之间的关系当中。

老年服务从业人员与老年人的关系是老年服务伦理中最基本、最关键和最重要的关系。老年服务从业人员主要是通过各种具体、琐碎的服务行为为老年人服务，既直接照料老年人的饮食、睡眠、排便、洗浴、衣被换洗、休息及其他各种各样生活方面需求，又担负着心理、康复、护理等许多具体任务，这种具体的、琐碎的工作特点，表明了老年服务从业人员对老年人生活的重要性和关系的密切性。在服务过程中，老年服务从业人员与老年人能否建立亲切友好、相互配合的和谐良好关系，直接影响到服务质量的高低。随着经济和社会的发展，我国老年服务行业的市场需求和客户需求不断变化，老年服务的新理念、新模式、新方法和新形式也不断涌现，但以老年人为中心的服务理念应是老年服务从业人员在服务活动中应始终秉持的核心价值观。以老年人为中心的服务价值观，实际上也是作为社会主义道德体系核心的为人民服务的理念和原则在老年服务领域的具体运用。

老年服务从业人员与同事之间应当是彼此平等、团结协作、和睦共处和相互支持的关系，若这些关系处理不好，就会影响服务质量的提高，影响服务对象对企业以及整个老年服务行业的评价。协作就是要求服务人员具有团队精神。有人说："一堆沙子是松散的，可是它与水泥、石子、水混合后，比花岗岩还坚硬。"一个积极向上的团队能够鼓舞每一个人的信心，一个充满斗志的团队能够激发每一个人的热情，一个协调一致、和睦融洽的团队能给每一个成员和服务对象一个美好的愿景。

老年服务工作具有明显的社会性特点。随着社会的进步，老年服务从业人员行为的社会性越来越突出，其社会责任越来越重要，老年服务从业人员与社会的关系也更加密切。现代老年服务工作已经走出家庭，走进养老机构和社区，面向社会。老年服务从业人员对自己所担负的社会责任应竭尽全力完成，坚持社会公众利益优先，在服务活动的各个领域、各个方面，都要遵循其社会关系的道德规范。

（二）老年服务伦理的主要任务

老年服务伦理的主要任务是要在正确认识养老机构、服务人员与老年人乃至整个社会之间的利益关系的基础上，指导养老机构和服务人员树立起社会责任意识及各种服务伦理观念，重视人性和道德，以社会利益和老年人利益为第一标准来处理经营和服务中出现的冲突与摩擦，积极为社会和广大老年人提供真正有益的服务，在提高社会效益的同时提高养老机构的经济效益。

老年服务从业人员的服务质量，无时无事不涉及其与各服务对象之间的利益关系。服务人员的服务理念、态度和行为方式是否合乎伦理观念或原则，直接关系着自身、服务对象和养老机构的利益。事实上，一个服务人员如果不注意遵守伦理道德，唯利是图、见利忘义、不讲信用，不仅会给服务对象带来损失，也会给养老机构在经济利益、行业信誉、口碑等诸多方面带来难以弥补的损失。无数经验和教训证明，一个服务人员如果不能将服务对象的利益放在第一位，不能为服务对象提供令人满意的服务，总是把服务对象作为其赢利的手段，甚至为赢利不讲诚信，在服务上弄虚作假，欺骗服务对象，那么，其产品和服务就难以得到服务对象的信任和满意，就会不断失去客户，在市场竞争中被其他在服务上以服务对象为中心的养老机构所击败。因此，重视服务伦理的建设，在市场经济中是非常重要的。

三、老年服务伦理的基本原则

老年服务伦理的基本原则是在实践活动中调整服务人员与老年人之间、服务人员之间、服务人员与社会之间的关系所遵循的根本指导性原则，是从业人员建立正确的道德观念、选择良好的行为准则、调整从业人员在服务实践中人际关系的最基本出发点，是社会主义道德要求在老年服务职业中的体现。老年服务伦理原则主要包括以下几个方面。

（一）义利统一原则

这种价值原则可归纳为“我为人人，人人为我”，坚持把义与利结合起来，把国家和人民利益放在首位而又充分尊重公民个人合法利益，即通过利他（包括利社会）而合理利己。就老年服务行业而言，义利关系集中体现为服务中的义利关系。义利关系可以说是老年服务伦理问题中的核心内容，因为各种服务主客体间的伦理问题一般都是出现在利益关系上的各种矛盾、冲突。

义利统一原则在老年服务工作中构成处理各种伦理道德问题的基本原则。它要求坚持尊重个人合法权益与承担社会责任相统一，每个人正当利益的实现，都是在为社会利益、为他人利益的服务过程中得以实现的，是在为老年人提供尽善尽美的服务中实现的。“公仪休嗜鱼”的故事说明了通过正当、合法的途径获取个人利益，就能做到“义”与“利”的统一。

春秋时期鲁国的相国公仪休嗜鱼如命，无鱼不欢。亲朋好友，甚至素不相识者都买鱼送他。公仪休崇尚名节，一概予以谢绝，送鱼的人都有所望而来，扫其兴而归。有一学生闻其老师当了相国，特地买了几尾时鲜大鱼登门恭贺，公仪休一如既往，拒不收纳。学生深感奇怪，问道：“老师素来喜食鱼，却因何不受？”公仪休回答说：“时人投我所好，送鱼者纷至沓来，我身为相国，居于群臣之首，理应以廉为宗，故虽嗜鱼而始终不敢受人一鱼。”学生想了想，复劝道：“我送鱼是尽师生之谊，别无所求，请老师通融一次。”公仪休连连摇头说：“入仕为官，贵在不贪，受礼纳贿，败坏吏治，污浊官场，此戒万不可开。如今我居相位，有俸禄可买鱼吃，若因贪赃枉法而丢了官职，自己无钱买鱼，别人也不会再送鱼来，到时倒真吃不到鱼了。你是我的学生。既是爱师，还是爱我以德为好。”学生终于被说服，便持鱼而归。公仪休坚持原则，不肯贪赃枉法，既不违背“义”，又有吃鱼之“利”，在这点上，他的确是很明智的。

（二）以人为本原则

以人为本原则要求老年服务中的一切行为都要以老年人为中心、出发点和归宿，服务人员要把老年人作为有思想、有感情、活生生的人来看待，为他们提供人性化的服务，反对和克服出于利润目标、管理规则、技术手段等因素的要求或影响而把老年人只当作是赢利手段或工具的倾向。

在老年服务工作中树立和贯彻以人为本原则有着重要的现实意义。一方面有利于把人的理性与情感、物质利益与精神追求、他律与自律有机统一起来；另一方面有利于服务人员从人性的角度深入理解和把握老年人的需要和欲求，并以此来为老年人设计和开发人性化产品，提供真正合乎人性的服务，从而有效提高老年人对服务的满意度和忠诚度。

（三）平等尊重原则

平等尊重是人与人之间相处一项最基本的伦理原则，在老年服务中显得更为重要。平等尊重原则要求老年服务从业人员要重视服务对象的内心感受和精神体会，通过自己的言行举止体现出双方的平等性，尊重服务对象的人格和权利，一方面要客观地了解老年人的需求，不能以自我主观上的标准对其提出的需求指手画脚；另一方面要求服务人员在处理具体事项时注重工作效率，不因个人偏好而拖延、推诿。

把平等尊重贯穿于服务全程中，不仅仅在于平等尊重是人际交往中最基本的道德素质，更深一层是，身为老年服务从业人员，尊重是其履行服务职责的最基本要求和最高宗旨。判断我们是否平等地尊重了他人的标准是“己所欲，施于人”。也就是说，按照我们希望被他人对待的方式去对待他人。这要求我们通过行为的一致性来作出判断——如果我们站在他人的立场上，我们是否会赞同某一行为。如果答案是否定的，那么很可能我们没有平等地尊重他人。

平等原则要求服务人员树立起平等对待一切服务对象的平等观念，视消费者、竞争者以及其他社会公众都具有平等的人格，不论其贫富、亲疏、恩怨，在服务过程中始终平等待客，一视同仁，像对待自己和亲人那样尊重和善待服务对象。对于服务上的竞争者也持平等之心，始终光明正大，按照市场规律公平竞争，反对不正当的、过分的、恶性的竞争，反对各种尔虞我诈、坑蒙拐骗等非法违德行为。

（四）诚实守信原则

诚实守信是老年服务从业人员对待服务对象的一条基本原则。常言道，诚实是为人之本，守信是立事之先。职业道德中的诚信，强调诚实劳动、合法经营、信守承诺、讲求信誉。诚实守信是我们中华民族的传统美德，也是服务人员对社会、对人们所承担的义务和职责，它能够保证服务对象受到真诚的、注重质量和保证效率的服务。如果不讲诚信，社会上就会假冒伪劣盛行，危害人民的身体健康和经济利益，破坏人与人之间的信任，甚至严重败坏社会风气。诚实守信原则要求老年服务从业人员对老年人保持言谈举止的真诚，不说违心话，不办违心事，能站在老年人的立场思考问题，真诚待人，互相信赖，努力以自己的忠诚表现来赢得老年人的肯定和信任。

诚实守信原则的运用既要有原则性，又要有灵活性。例如，养老护理员对患了绝症的老年人有时就要有意隐瞒病情，以免老年人在心理上因接受不了打击而出现异常。这种有意的隐瞒属于善意的欺骗，是对诚实守信原则的一种灵活运用，是从老年人利益出发的善意的考虑。

（五）行善原则

行善原则，也称为有利原则，是为了他人的利益而采取行动的道德义务，是一种帮助他人促进其重要且正当利益的义务。对于老年服务从业人员来说，行善是指服务人员为老年人的利益着想，对老年人直接或间接实行仁慈、善良和有利的行为，同时避免和消除可能对老年人造成的伤害。例如，养老护理员对长期卧床老人应当定期进行清洁和翻身照料以预防褥疮的发生。

“日行一善，积善成德”，行善是宽广胸怀的具体表现，是心灵升华的崇高境界，是文明社会发展的标志。善无大小，行善不一定要惊天动地，不一定是财物的给予，行为与精神上的馈赠更重要。“中国最美乡村医生”谢爱娥，汶川大地震中用自己身体做支撑、挽救了 4 名学生生命的人民教师谭千秋，奉送“爱心香粥”的贺军都用行动诠释了自己的职业伦理原则。行善原则的基本精神是选择好的服务行为，不做坏事，制止与服务宗旨相违背的行为。行善原则要求服务人员积极做对老年人有益的事，增进老年人的健康和福祉，关心老年人合法利益，权衡利害大小，预防和避免伤害。

任务三　知对错，讲道德

一、老年服务中存在的伦理问题

（一）服务与责任意识淡薄

老年服务就是指服务人员在一定的岗位上尽职尽责为老年人提供服务，满足老年人的需求。在这一过程中，服务意识的强与弱会在很大程度上影响服务的质量和成效。主要表现在以下两个方面。

一是部分老年服务从业人员只看到自己的权利，忽视自己的义务，工作热情不高，缺乏主动服务的意识。工作热情不高的主要表现：对自己所从事的工作态度平淡，对所从事的工作内容不甚喜爱，不投入，不要求较高的工作品质；不愿克服困难与挫折，遇到难以解决的问题能拖则拖；不愿意多做一些本分以外的工作，有时甚至会怨言怨语不断。概括来说就是服务人员处于应当履行而未履行或拖延履行其工作职责的状态，不能高效、高质地为老年人提供服务。

二是服务意愿不强烈，一些老年服务从业人员总是消极对待自己的本职工作，在具体的服务工作中，不是积极以实际行动处理相关问题，而是持消极态度来应付，不解决任何实际问题，以“不求有功，但求无过”为工作标准。这些消极的服务思维导致的不良服务行为，损害了服务人员的形象，降低了诚信度。同时，大部分服务人员认为，只要做到履行责任即可，不会根据老年人提出的需求不断提升服务内容和服务质量，主动改进服务方式和服务态度。由于社会进步，老年人的需求会不断更新，对服务质量的要求也会不断提高，如果服务人员忽略老年人需求的变化，只是履行基本的服务职责，不随着时代变化积极更新服务内容和方式，必然会降低服务的满意度。

（二）自律与自我约束乏力

老年服务从业人员的自律，即在其提供服务过程中所表现出来的自我约束力，是服务人员应该具有的高尚的道德品质。服务活动复杂多样，千头万绪，任何完善的制度、规范都不可能涵盖服务过程的全部，即便制度规范臻于完善，也不一定就能使服务人员在行为选择上符合既定的要求。而自律则能有效避免服务人员工作推诿、敷衍了事等行为失范，可见自律意识的重要作用。重视自律意识，提高服务人员的伦理修养，可以弥补伦理规范的有限作用。

老年服务从业人员自律与自我约束乏力的原因在于服务人员对服务伦理精神内涵缺乏清晰地了解，对具体的外化标准模糊不清。虽然具备了一些基本伦理认知，但是既没有内化为自己的思想认识，又没有外化为实际行动。服务人员一般会尽量遵循服务伦理各项具体的外在规范，但是并没有从意识和精神层面上对服务伦理形成一种价值归属感，服务伦理最终还是只能起到外在的、强制性的约束作用。普遍存在的现象是，自觉遵守服务伦理规范的服务人员由于没有形成价值认同，只是为了不受惩罚而向服务伦理规范方向前进，并不会由此感觉到特殊的崇高与荣耀。只有服务人员充分认同老年伦理价值，将伦理规范内化为个体自觉，才能为老年人提供始终如一的优质服务。

（三）服务中以利为先

有些服务人员在提供服务或产品时，优先考虑自身利益，歧视甚至侵犯老年人的利益，有差别地对待服务对象。有的夸大产品的功效，并用欺诈性的质量标志和语言误导老年人，给其身体健康带来不良隐患，这些道德失范行为的存在就是因为服务人员为了追求高额利润，见利忘义，仅仅把服务理解为赚钱的手段，不重视道德的作用或在道德上采取双重标准，在道德与赢利不矛盾时讲道德，在利益与道德冲突时就不惜违背道德，把获利建立在损害老年人利益基础之上。

（四）诚信缺失现象严重

在服务领域中，缺乏诚信是一个比较突出的问题。诚信缺失问题严重损害了服务对象的利益，也影响了我国经济社会的持续健康发展。在一些人看来，市场经济就是要讲赚钱第一，诚信能值几个钱？黑心才能赚钱，诚信只能赔本。在这种思想观念指导下，人们急功近利，无所不为。在价格方面，用虚假的特价广告引诱老年人购买商品牟取暴利；在广告方面，一些难以兑现的承诺性服务层出不穷，但这些商家的承诺是无意义的或者带有各种约束和限制的，承诺的服务与事后的服务脱节；在促销方面，采用过分夸大的虚假广告刺激老年人的购买欲望等。

正是因为目前老年服务行业领域存在以上种种道德失范问题，所以，学习和实践老年服务伦理对老年服务从业人员职业角色的形成和老年服务事业的发展尤为重要。

二、学习老年服务伦理的重要性

随着老年服务事业的不断发展，老年人和社会对老年服务从业人员的角色行为的期待都出现了极大的变化，服务人员对老年人的照料活动无论范围还是深度都大大增加，担负帮助老年人护理、康复、关怀服务的责任也越来越重大。在服务领域内独立为老年人及其家属提供服务的情况越来越多，这就需要服务人员不断提高自身的独立意识和自主意识，具备正确的职业道德意识和职业道德观念，建立和谐的服务职业道德关系，进行符合职业道德的服务活动，推动老年服务事业的发展。因此，老年服务从业人员学习老年服务伦理具有相当重要的意义。

（一）有助于提升老年服务从业人员的道德品质，使其成为德才兼备的老年服务人才

老年服务从业人员既要为老年人提供高品质的服务，又要维持人与人之间良好的互动关系。因此，老年服务从业人员除了要具备丰富的专业知识、娴熟的服务技能和良好的沟通技巧外，更要有正确的观念作为自己的行为指南。但是，每个人的价值观、伦理道德观都是不同的，如果仅以自己的观念来指导行为，必然会出现行为失范的情况。老年服务工作范围广，工作情境复杂，服务人员常需在不同情境中作出决定，处理各种复杂的情况。以统一的伦理道德规范作为服务人员行为的最高准则，使服务人员明白什么是可做的，什么是不可做的，不仅可以使服务人员摆脱思想困惑时的无所适从，避免不当行为的发生，更可以引导其在服务工作中依据道德规范及时进行自我调整，向正面、积极、良性的方向发展。

因此，学习老年服务伦理不仅能够使服务人员全面系统掌握老年服务伦理原则和道德规范，提供可借鉴的榜样和行为指南，而且有助于激发服务人员的义务感、责任感和奋发进取的事业感，形成正确的人生观、价值观和道德观，培养高尚的服务道德情操，成为德才兼备的老年服务人才。

（二）有助于提高社会对老年服务工作的尊重和信任

老年服务伦理道德是服务工作的指南，是服务质量的有力保证。老年服务伦理通过对行业内的所有成员进行规范，从而保证服务质量和品质。只有当社会公众看到老年服务领域有明确、实用和有效的道德规范，并且服务人员都能自觉遵守时，他们才会更加尊重和信任老年服务职业，而公众的尊重和信任是建立良好服务关系的基础。

（三）有助于维护服务关系中的各方面利益

老年人利益是老年服务关系中的核心，但维护老年人利益并不意味着要以牺牲老年服务从业人员的利益为代价。老年服务伦理是一种可以有效调节彼此间在不同层次的需要以及不同利益之间的冲突的重要方式。也就是说，服务人员在老年服务伦理的指导下，为社会提供良好的服务，满足老年人的生活、保健、康复等方面的需求，同时也获得一定的精神鼓励和物质报酬，从而使老年服务从业

人员以及老年人的利益都能够得到很好地保障，使服务关系保持和谐稳定。

思考题

1. 什么是道德和伦理？
2. 职业道德的含义和作用是什么？
3. 老年服务伦理的内涵和基本原则有哪些？
4. 学习老年服务伦理的重要性是什么？
5. 请阅读案例，思考并回答问题。

广东佛山“小悦悦事件”引发全国性舆论大反思

经广州医院全力抢救无效，佛山接连被两辆车碾过的 2 岁女童小悦悦，于 2011 年 10 月 21 日零时 32 分离世。全国网民纷纷在微博、论坛为小悦悦祈福、寄托哀思。而关于“小悦悦事件”所引发的全国性各个社会阶层道德、法律、人性等讨论、反思也随着小悦悦的离世达到了一个高潮。各种关于“小悦悦事件”引发的讨论、谴责、反思，频繁见于报纸、网站、微博等。据报道，时任中共中央政治局委员、广东省委书记汪洋在中共广东省委常委会议上呼吁，我们每一个人，都要用良知的尖刀来深刻解剖自身存在的丑陋，忍住刮骨疗伤的疼痛来唤起社会的警醒与行动。

纵观一系列评论文章，大多数人都认为随着改革开放，国人的腰包逐渐鼓了起来，而相关的文化道德建设却被远远地抛在了时代后面，尽快建立相关的法律法规惩恶扬善已经刻不容缓，并要求严惩肇事司机，严厉谴责 18 名冷漠路人。

有媒体评论认为，从目前对于“小悦悦事件”的反思力度来看，整个舆论已经完成了一次道德启蒙。我们不断告诉自己，一旦遭遇类似事件，我们每一个个体都责无旁贷，理应担负起我们的道德责任。

问题：

（1）“小悦悦事件”说明了什么？

（2）面对社会上出现的违反伦理、丧失人格、不知廉耻等行为，我们应该传承和发扬什么？

（3）人为什么需要道德？

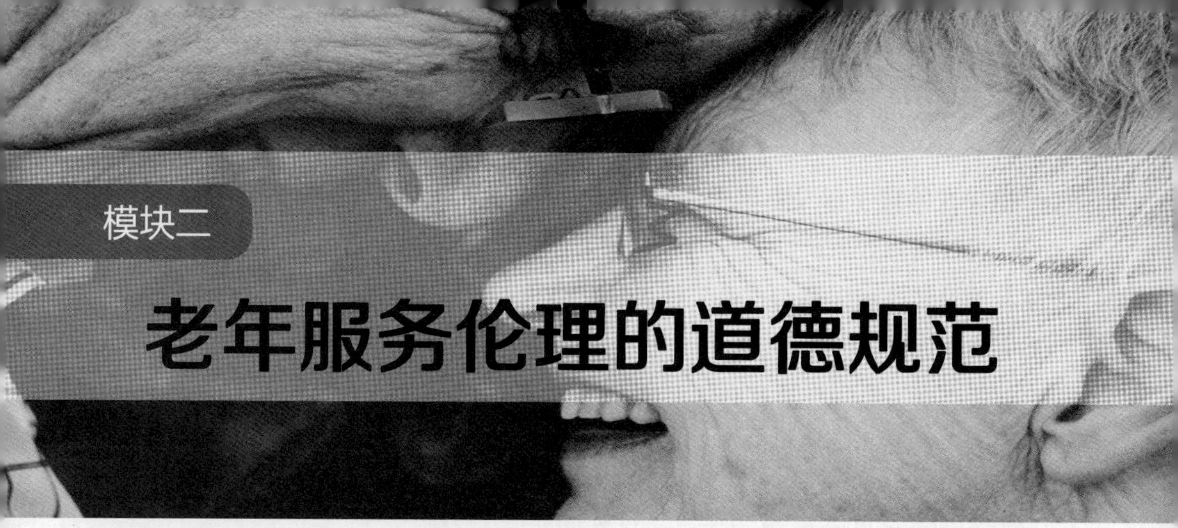

模块二

老年服务伦理的道德规范

学习目标

1. 能够了解职业道德的含义。

2. 能够熟知老年服务从业人员的道德规范内容。

3. 能够运用老年服务伦理的道德规范分析、辨析老年服务工作中存在的问题，并提出有效的措施。

职业道德规范是职业道德的重要组成部分，在职业道德中占有极其重要的地位。认真学习和践行职业道德规范，有利于树立良好的职业道德，帮助执业者获得成功。职业道德规范是人们职业道德关系和职业道德行为普遍规律的反映，是从社会整体利益出发形成和概括的人们在职业活动中应当普遍遵守的行为善恶准则。老年服务伦理道德规范是在老年服务伦理基本原则指导下的具体行为准则，是培养老年服务从业人员道德意识和道德行为的具体标准，主要从关心同情、尊重理解，服务第一、爱岗敬业，遵章守法、自律奉献这几方面来规范和约束老年服务从业人员的实践行为。

任务一　关心同情、尊重理解——做好老年服务工作的前提

一、关心同情

（一）关心同情的含义

“关心”在《现代汉语词典》中的解释是：把人或事物常放在心上；重视和

爱护。在伦理学意义上，关心是在维护人与人的关系上的一种责任。也就是说，关心可以导致责任的自觉，学会关心与责任生成具有内在的一致性，它能使我们自然生成一种对自己、他人、社会、人类生存状态普遍关心的责任意识和完成责任行为的责任能力。

关心对人类的生活具有很大的意义。“关心”是一种心理品质，也是一种道德品质。作为一种心理品质，关心是以爱为基础的情感素质；作为一种道德品质，关心体现为行动。人们在同他人交往中试图实现关心的道德义务，避免伤害，对他人的需要和无助做出反应，并保持关心的关系。一个人关心他人时，他人的幸福就是自己的幸福，他人的成功就是自己的成功。别人遭受苦难，你也难过，因此，在关心的过程中，不管个人做得如何，你都希望他人尽可能好。

“关心”品质的形成离不开人的整体素质，同时又促进人整体素质的发展。对人的关心和同情是品德形成的原点。关心的品质是其他优良品质的生长点和基础，关心、责任、尊重、认识这几方面是相关的，关心品质的形成能使人更好地学会负责、学会尊重、学会认识。

因此，学会关心将会促进人的整体德性发展和自律道德人格的形成。人是生活在社会关系中的，都需要得到别人的关心和关爱，也都需要关心和关爱他人。关心或关爱的品质，对生活于任何社会中的任何人都是很重要的，并不因为性别、年龄、贫富、社会地位的不同而有差异。关心和关爱他人，让这种美德通过你我他的手传递下去，把关心关爱传递到每一个需要它的地方去，社会就会少一分矛盾和困扰，多一分安宁和稳定。

同情，是对他人的不幸遭遇或者处境在情感上发生共鸣，并给予道义上支持或物质上帮助的态度和行为。同情是一种道德情感，它全然出自一种对他人的关切，而不是为了满足自己的欲望，同时它也不是关切他人的幸福和利益，它只关切如何避免和解除他人的痛苦，同情、怜悯、恻隐在一定程度上具有相同的意义，即同情是仁爱的一种表现形式，是承认他人的需要和利益的合法性的一种态度，是对他人的不幸感到痛苦，并为寻求解决提供道义上的支持。

同情和恻隐之情作为人类最原始和最纯正的道德感情，对人们履行最基本的道德义务具有重大意义。面对遇到困境的人，我们会把他们的遭遇不由自主地放在自己身上，思索如果这个人是我该怎么办，需要什么样的帮助。当我们这样想的时候，同情就已经发挥了作用。甚至在有些时候，可能法律已经废弃，权威和理性不复存在，此时正是靠一种尚未泯灭的恻隐之情救人于溺，拯世于狂。因此，当社会生活被逼入困境的时候，我们就会听到这一柔弱的声音突然变得强大有力，因为它更贴近生命，贴近我们道德的起点，这起点也是我们道德乃至全部文明的最后一道防线。如果连这一防线也守不住，如果人类连起码的同类之间的恻隐之心也丧失殆尽，那很难设想人类会成为什么样子。我们有必要同情那些包括老年人在内的弱者，因为他们是我们的同类，我们共同生活在这个世界上。

人的历程并不总是一帆风顺，总会遇到风浪与激流，而这种遭遇或多或少我们都会遇到。这个时候，同情就是能够换位思考，感受他人的喜怒哀愁，想象自己置身于同样的境地，伸出援助之手，帮助他人从不好的遭遇中解脱，让自己心灵得到慰藉。

作为一种伦理思想，它流传至今，表明现代社会、现代的人们仍然需要它。“学会关心同情”是对这些传统美德的继承与发扬，是蕴含着丰富的时代精神的伦理原则。“学会关心同情”是一种全面的道德学习，包括了社会道德（或人际道德）的学习和生态道德的学习。社会道德的学习方面，包括对自己、对他人、对群体、对社会的道德学习。这种学习应该是“从强调为私人利益而学习转变到强调为公共利益而学习。我们需要发展一种服务的观点，强调社会利益和增进公共福利”的学习。践行是道德学习的基础，是道德学习的目的、内容、方法，也是品德形成与否的标志。因此，关心同情的学习，目的在使关心同情成为自己的一种需要并为满足这种需要而行动。是否形成了关心同情的品质，不仅看有没有相应的道德认识，还要看有没有相应的道德情感，更重要的，是看有没有相应的道德行为。例如，老年服务从业人员关心同情老年人并付诸行动，这既是一种社会的道德义务，也是服务人员应该尽到的职业责任。

（二）关心同情在职业活动中的具体应用

老年人作为一个特殊群体，伴随着身体机能的逐步退化，年龄大、空巢、低收入、身体弱等问题纷纷出现，其个人需求与心态变化呈多样性发展，此时的他们需要更多的关心和呵护，需要更多的老年服务从业人员从专业角度充分了解老年人的诉求，充分体会到他们的喜怒哀乐，理解他们在相应情境中的行为反应，尊重他们的选择和人格，通过优质的服务来提高老年人晚年的生活质量。

高尔基曾说过："真诚的关心，让人心里那股高兴劲儿就跟清晨的小鸟迎着春天的朝阳一样。"面对老年服务工作，用真心关注老年人，需要老年服务从业人员做到以下几点。

（1）满足老年人的基本生活需求。要设身处地为老年人着想，细致入微地创建、营造适合老年人生活的衣食住行环境；及时掌握不同老年人的实际生活需求，提供相应的人性化服务，保障基本生活，实现老有所养。

（2）满足老年人的心理生活需求。因为老年人个人能力的普遍降低，他们很少离开自己的居所，孤独、无人照顾成为一种普遍现象，内心空虚往往成为诱发更深层次问题的原因，这就要求我们要尽可能地给予老年人精神上的关心和呵护。

（3）关心呵护老人要精细、细致、周到。老年人需要一颗温暖的心来呵护，作为一名老年服务从业人员，需要将老年人看成自己的父母一样，让他们体会到我们就是来照顾他们晚年生活的"子女"。

在《协和老年医学》中曾经刊登一篇名叫《聊天》的短文，讲述了老年人最缺少的是被他人的关心和呵护。

你趴在电脑前敲着，自得其乐，你喜欢在文字里畅游。你的余光瞧见母亲倚着门框看着你，你说："你自己看看电视吧，电视多好，随便换台看。"你想打发母亲离开，再说了，她站在那里，你也不能静心写作。多少次，你看见电视开着，被调到无声，她怕影响你写东西。而她，蜷缩在沙发里，显得那么瘦小，那么无力神游他方了。偶尔你也会良心发现，想陪她说会儿话。可她一开口，就是 30 年前你们如何。你就烦了，就腻了，因为那些岁月已经遥远到你自己都快淡忘了。于是你很少陪她，留给她的，是无边无际的寂寞和眼睛里越来越深的空洞！

作为一名老年服务从业人员，应该从这则故事中体会自己如何在工作中给予老人更多、更周到、更细致的心理需求服务，用专业的方法来引导老年人摆脱孤寂，让他们的脸上洋溢着幸福的笑容，这是老年服务从业人员的工作价值所在。

同样，作为老年服务从业人员，应该具备一颗比常人范围更广的同情心，这里面包含善良、责任、奉献等。当我们在工作中遇到老年人陷入困惑、麻烦、病痛的环境中时，一方面要尽量去体察他们的立场和处境，另一方面需要用专业知识和技能来帮助他们摆脱烦恼的困扰。“社会主义核心价值观”中的友善，是对社会每一个人的具体要求，同情是友善的一部分，这种同情心，需要我们自己真心付出，真正了解不同老人的需求，以“父母心”服务好养育过我们的“父母们”，提升服务质量，从而提升整个老年服务行业的综合质量水平。下面这个案例，就是家人对老人缺乏同情和关爱，引发了老人的过激行为，以致造成了严重不良后果。

2015 年 1 月 1 日晚 7 时 30 分许，某小区的一位老人将家门反锁，企图挥刀砍其儿媳。警方接警后，迅速赶到现场，将其儿媳解救出来。

经警方了解，这是一起由家庭矛盾纠纷引起的事件，持刀老人觉得自己长期受家人冷落，认为家人嫌弃他，特别是新年第一天，一家人一直在外没回家吃饭，更让老人觉得自己被嫌弃，于是有了持刀砍死儿媳报复家人的想法。

现场参与解救的一名特警表示，在民警对老人进行安抚劝服的过程中，其家属不顾老人和儿媳的安全，一直在旁边催促民警“破门进去”制服老人，让人觉得老人在家确实遭受了不公平待遇。

在这起案件中，持刀老人的行为固然要受到法律的制裁，但是究其原因，正是由于家人不能理解老人、体谅老人，设身处地为其着想，反而采取过激的方式，才导致了悲剧发生。可以看到，老年服务从业人员服务的对象可能是来自各种环境的老年人，他们有的缺乏家庭的关爱理解，有的身患重病无人照顾，很容易产生孤独感、无助感和自卑感。因此，老年服务从业人员需要从多方面去理解关心呵护老年人。

作为一名老年服务从业人员，在工作中应做到同情老人、帮助老人，具体的工作内容需要从以下几个方面来完善。

（1）在工作中，要注意维护和尊重老年人的尊严。同情是中华传统美德，在工作中我们需要以老年人的处境为工作的出发点，照顾好老年人的生活；但要注意的是，同情并不是施舍，更不是以自己的意愿强加同情于老人，同情是平等对待每一个和我们一样的、有尊严的人。这就要求我们在工作中，做到平等对待、理性呵护。同情是建立在双方平等的基础之上，是互相尊重、互相帮助，共同生活和成长。同情在工作中有利有弊，作为一名老年服务从业人员，一定要在工作中注意同情的有利之处，将弊端化解在无形之中。

（2）在工作中，以同情引领工作，提升个人工作素养。同情，不仅是一种需要继承和发扬的美德，更是提升个人工作素养的良好心理基础。对老年服务从业人员而言，同情可以激发我们对这份事业的热爱之情，使我们具有“同理心”，换位思考，解决老人的实际需要，在完成工作任务的同时，提升个人综合素养。

（3）在工作中，提升同情内涵，化同情为“深爱”。同情是为了更好地帮助老年人安享晚年，它是对老年人的理解，也是对老年人的尊重。我们需要付之以实际行动，将知识和行动奉献给老年人，也就是将同情化为更高一层次的爱，只有爱他们，才能从真正意义上做好老年服务工作。

关心同情是老年服务行业职业道德规范的第一要务，只有做到从内心关注和同情老人，从老年人角度维护老年人的尊严，用平等的心对待他们，才能真正给他们带来需要的温暖，才能真正做好老年服务这一光荣而又伟大的工作。

二、尊重理解

关心和同情是老年服务从业人员所必备的职业道德规范，而关心同情以尊重和理解为前提。只有真正理解老年人所处的环境遭遇，才能从内心深处产生对老年人的同情。

（一）尊重理解的含义

尊重，是把自己和他人看成一个独立的、自由的、完整的、具有独特天性、人格和尊严的人，是对其他人认知、情感和行为的倾向。懂得尊重并学会尊重是我们在现代社会环境下所需掌握的重要素养之一。在社会发展的过程中，尊重他人不仅是一个人必备的工作素养，也是一种高尚的职业美德。为明星运动员呐喊与喝彩是尊重，给普通运动员以鼓励和掌声同样是尊重。在生活中，对各级领导的崇敬是尊重，对同事、对下级、对普通的平民百姓以诚相待、友好合作，倾听他们的声音，同样是尊重。当他人功成名就时给予赞扬而不是贬低是尊重，对情趣相投的人真诚相待是尊重，对性格不合的人心存宽容同样也是尊重。

现实生活中，人的内心都渴望他人的尊重，但也只有尊重他人才能赢得他人的尊重。俗话说：送花的人周围满是鲜花，种刺的人身边都是荆棘。天底下没有两片完全相同的树叶，同样，也没有完全相同的人，但人们在人格上都是平等的。

我国已经进入人口老龄化社会，更好地保障老年人安度晚年生活，切实保护老年人的合法权益，让他们享受社会经济发展的成果，也是衡量一个社会文明进步的标准。尊重老年人就是要尊重老年人的生理规律、心理规律和社会发展规律，尊重他们的物质需求和心理需求。老年人在社会建设和发展的过程中作出了卓越的贡献，这是国家和社会对曾经的建设者应有的回馈和服务，也是作为老年人子女应该尽到的社会责任。

尊老、爱老、敬老、助老是中华优秀传统文化的精髓，也是炎黄子孙应该继承和发扬的宝贵民族财富。尊重老人，不仅因为老人是我们的长辈，更因为没有他们的辛勤劳动，就没有我们幸福的今天；没有他们的精心培育，就没有我们的健康成长。老人为社会作出过贡献，值得我们尊重和爱戴。

尊重老人，更需要付诸实践。例如，公交车上给老人让座时，先对他（她）笑一笑。如果他（她）坚持站着，尊重他（她）的意见，让他（她）感到自己仍然年轻。在这个日益物化的社会里，“交换”成了一种原则，在这个原则下，尊重，也是互相交换的。尊重他人，是人格的一种必要训练，忠诚、宽容、友爱，都是这一品质的延伸；而尊重老人，是尊重他人的基础。对于年轻人来说，尊重老人，就是尊重自己。

作为一名老年服务从业人员，尊重老人是开展工作的前提和重要基础。在尊重的基础上，我们要充分理解老年人的实际需要，这样才能将老年服务工作做到实处。

理解，从词义上解释，或顺着脉理或者条理进行解剖和分析，或从道理上了解和掌握。简而言之，理解即为了解和明白。在社会环境当中，理解就是要懂得和了解他人。而在老年服务工作中，理解就是要在从事老年服务过程中，用心掌握老年人目前的处境和心理状态，及时给予精神和物质上的帮助。

给予老年人必要和专业的理解，是由老年人的自身特点决定的。老年人因为健康、经济、地位、生存目的的逐步丧失，容易产生消极情绪，影响老年人客观判断生活中遇到的各种事宜。老年服务从业人员只有深谙老年人心理变化并加以积极引导，才能进一步做好老年服务工作。

老年服务工作人员应充分尊重老年人的人格尊严，用心感悟老年人的需求，用行动让老年人感到有尊严、有价值，感到自己是被关爱和呵护的。

理解与尊重是从内心对老人的尊重和关心，是做好老年服务工作的基础和保障。和谐社会中的老年人应该能够舒心地安度晚年，但是在现实生活中，我们却发现，老人往往得不到应有的理解和尊重，这可能会造成老年人晚年生活的不幸。

刘老身体健康，耳聪目明，精神矍铄，领导着一个近千人的大厂子，上上下下没有一个人不服他、不敬他。两年前厂领导换届，刘老的厂长职务被年轻人取代，但厂方考虑到他的年龄和工作经验，返聘其为厂里的技术顾问。可刘老当领导当惯了，总是爱管事、爱操心，看什么不顺眼就想多说几句，别人考虑到面子问题，当面不说什么，却照样该怎么做还怎么做，刘老只能是干着急，回到家也总闷闷不乐。更使他不能接受的是，很多人看见自己连招呼都不打，还在背后说长道短。刘老实在不能忍受，赌气提前一年退休了。一年多的光景，刘老就完全变了个人，变得连他老伴都感到有点不可思议——目光呆滞，脸色灰暗，过去的精神头一点儿也没有了，天天足不出户。最近，刘老的举止越来越奇怪，情绪低落到了极点，动不动就大发脾气。后来干脆一个人跑到阁楼上住了。一天夜里，老伴半夜醒来发现阁楼上的灯还亮着，好像还听见老头子在和谁说话，老伴觉得很奇怪，于是上去一看，发现老头子把孙女的几个布娃娃一会儿摆弄成这样，一会儿又摆弄成那样，嘴里还念念有词，好像在指挥工人们生产一样。

在这个案例中，刘老退休之后发生的种种“指挥”他人的行为，主要是家庭和工作单位对其尊重、理解和关心不够，没有帮助刘老认识到岗位调整中职业角色的变化，导致老人仍沉浸在自己的“工作生活”中。这表明，当老年人进入到晚年生活，需要更多的尊重和理解。老年服务从业人员要通过实际行动让老年人感到自己的人生价值和社会地位，让老年人在尊重、理解、关怀的氛围中享受老年生活。当我们真正能够理解老人内心深处的想法，并给予充分的尊重，就是对老人最好的安慰和照顾，使老年人能够体会到精神上的满足感，体会到晚年生活的幸福和温馨。

（二）尊重理解在职业活动中的具体应用

老年人能够在晚年生活中幸福安康，这是全社会的共同责任。只有从老年人的角度出发，才能做好当前老年服务工作。老年人，因其成长经历、曾经所处的地位以及与家庭之间关系的不同，表现出各种不同性格特征：自卑、固执、有时候蛮不讲理，喜欢在内心设置小范围生活，很难接受新鲜事物，甚至有时候表现出对生活的排斥态度，容易产生冲动行为。这是目前老年人心理和行为上呈现出来的一些普遍问题，需要老年服务从业人员用专业的技能和方式去化解。

做好尊重与理解工作，要做到以下几点。

（1）尊重理解老年人，就要尊重老年人的合法权益。老年人由于自身原因，会出现各种各样的情况，因此需要我们在法律允许的范围内，在职业要求和道德规范下，关心尊重和理解老年人，增强与老年人之间的沟通交流，在保障老年人安享晚年生活的同时，切实维护老年人在法律上享有的权益。

（2）尊重理解老年人，就要主动关心老年人，尊重老年人的生活习惯，理解他们的物质和精神需求。在工作中，要努力营造良好和睦的“家庭氛围”。在生活中，要及时掌握老年人的生活习惯和规律，主动及时帮助解决生活中遇到的困难，排除老年人的生活之忧。

（3）尊重理解老年人，就是要尊重老年人的心愿。主动、及时掌握老年人的思想动态，尽量帮助老年人实现心中所想，为老年人营造一个满意、温馨的生活氛围。

（4）尊重理解老年人，需要提升自身的服务知识和技能，提升自己的服务精神和意识。老年服务作为一项社会化工作，有一定的社会影响性，因此为了能更好地完成服务老年人的工作，我们需要不断学习，不断提升自己的工作服务水平，努力成为一名技能优秀、意识到位和积极向上的老年服务工作者。

任务二　服务第一、爱岗敬业——做好老年服务工作的基础

一切行业与职业，都是在为他人提供产品和服务。因此，人人都在接受他人的服务，同时人人又都是服务者。服务意识对老年服务工作尤为重要。如何做到服务第一，值得深入学习。

一、“服务第一”的内涵

在日常生活中，我们常听闻“张思德是为人民服务的好战士”“焦裕禄是为人民服务的好书记”“张三服务于某一公司、李四服务于某一企业”“××集团为消费者提供售后服务”等。根据国务院办公厅转发的对中国三次产业划分

的意见，中国第三产业包括流通和服务两大部门，服务业已经成为中国经济新的增长点。

“服务”从社会学角度可以解释为：从事某一行业（或职业），满足个人或者集体的利益需求，例如，毛泽东同志写的“为人民服务”，指的就是为广大人民的利益服务。

“服务”从个人角度可以解释为：从事某一行业，即任职某一岗业，例如，朱自清在《回来杂记》中写道，“回到北平来，回到原来服务的学校里，好些老工友见了面用道地的北平话道：‘您回来啦！’”

“服务”从经济学角度可以解释为：个人或社会组织为消费者直接或凭借某种工具、设备、设施和媒体等所做的工作或进行的一种经济活动，是向消费者个人或企业提供的，旨在满足对方某种特定需求的一种活动和好处。因此，我们生活的社会是一个相互沟通、相互依赖、相互支持的服务系统。服务不再是传统意义上的“服侍、侍奉”，而是现代社会人际沟通和发展的基础。

当下，我们可以这样理解“服务”的含义，即要求个人为他人做事，并使他人从中受益的一种有偿或无偿的活动，不以实物形式而以提供劳动的形式满足他人某种特殊需要。

服务第一就是要以他人的需求为出发点，把他人放在工作的第一位。随着社会经济的快速发展，人们常说“质量至上、服务第一”“宾至如归、服务第一”“诚信经营、服务至上”等，“服务第一”已经成为所有行业和企业共同遵守的市场宗旨。服务机构及从业人员以严谨的工作态度、高涨的工作情绪和周到的服务态度，在服务他人过程中树立良好的工作业绩和形象。老年服务从业人员要把“服务第一”作为工作的第一出发点，坚持为老年人提供高效优质的服务作为工作的第一要点，以满足老年人的实际需要为工作核心，全心全意为老年人服务。

二、如何做到“服务第一”

要做到服务第一，需要从以下几个方面着手。

第一，要有服务老年人的意识。“三百六十行，行行出状元”，老年服务行业与其他行业并无本质区别。毛泽东说过：“革命工作只有分工不同，没有高低贵贱之分，我们的同志不论职务高低，都是人民的勤务员。”一个社会需要科学家的同时也需要服务人员，每一份工作的重要性都是一样的。

第二，要有服务老年人的能力。当我们明确老年服务从业人员工作的重要性之后，如何做好老年服务这一工作，就需要专业的知识和专业的技能。首先，要深入学习老年服务的基本常识和基本理论，以科学的态度、坚韧的品质和努力的心态在学习中提高和发展老年服务专业知识和技能；其次，老年服务行业也需要其他专业文化作为基石，如历史、文学、心理学、教育学、管理学等相关知识和技能，才能周到地服务于老年人；再次，多多参与各项养老服务活动中，在实践过程中发现不足，努力完善。

第三，要有服务老年人的作风。实践是检验真理的唯一标准，同样，工作是检验学习的重要标准。老年服务从业人员承担了服务老年人，解决家庭和社会后顾之忧的面对面工作，其艰巨性和重要性更凸显老年服务需要用心坚持。所以老年服务从业人员要在实际工作中不脱离实际，与老年人交朋友，了解关心他们的疾苦，坚持为老服务，以老年人的根本利益为出发点，满足不同老年人的实际物质和精神需要，切实让老年人感受到社会、家庭和国家给予他们的关爱和温暖，以敬业精神在老年服务中践行社会主义核心价值观，争做时代优秀养老人。

2015 年 1 月 21 日，阳光明媚。记者走进毛集镇为老服务中心内的夕阳红养老公寓。三五成群的老人们或在菜园里浇水、施肥，或在场地上健身、运动，整个院落显得安逸而宁静。

山拐村王永良夫妇住进夕阳红养老公寓后，感受到这里“老人至上，服务第一”的心贴心的服务，他们的脸上每天都挂满笑容。公寓每季度还组织医护人员上门为老人进行一次体检，做好老人健康档案。

但得夕阳无限好，何须惆怅近黄昏。毛集镇夕阳红养老公寓设有医疗室、保健室、健身房、图书室、理发室等附属设施，全方位为老人提供住、养、学、乐等综合服务，让老人活得更自信、更健康、更精彩。全镇独女户和双女户家庭有 400 多户，分散在各个自然村，为了将农村的“分散养老”变成“集中养老”，毛集镇党委政府倾力打造集老年人托养、医疗保健、康复疗养、文化娱乐、教育培训于一体的夕阳红养老公寓。毛集镇党委书记张景新告诉记者：“夕阳红要成为养老事业的一个品牌，服务质量优质化，饮食搭配营养化，文化生活多样化，健身活动经常化，永远是我们对入住老人的承诺。”

可见，服务质量的优劣已经成为当前老年服务行业最重要的衡量标准和管理核心。养老机构的服务是否到位、是否真正满足老年人的需要，事关养老机构的发展。

三、“爱岗敬业”的内涵

作为老年服务从业人员，在掌握了“服务第一”的良好知识和意识基础上，还要具备爱岗敬业的优良品格。社会主义核心价值观中的“敬业”精神是对公民职业行为准则的价值评价，它要求公民忠于职守、克己奉公、服务人民、服务社会，充分体现了社会主义职业精神。

爱岗就是热爱自己的工作岗位，热爱本职工作，敬业就是要用一种恭敬严肃的态度对待自己的工作。敬业可分为两个层次，即功利的层次和道德的层次。爱岗敬业作为最基本的职业道德规范，是对人们工作态度的一种普遍要求。爱岗敬业是职业道德的核心，是职业成功的基础，是每一个职场人是否有职业道德的首要标志。只有爱岗敬业，才能做好本职工作。

因此，爱岗敬业就是要认真对待自己的岗位，对自己的岗位职责负责到底，任何时候都尊重自己的岗位职责，在工作中勤奋有加。在老年服务行业中，爱岗敬业作为人类社会最普遍的奉献精神，它看似平凡，实则伟大。一个人能否做好一件事，有三个要素在起作用：一是肯不肯做；二是会不会做；三是做到什么程度。爱岗敬业要求的恰恰是一个从业者对工作必须肯做、会做、做到最好。这实际上就是从业者职业态度的优劣，职业才能的高低，职业责任感的强弱问题。

爱岗敬业有着深刻内涵：工作是美丽的，是可以创造人生价值的；工作是快乐的，成就着自己和企业的未来。一个人无论在什么时刻，只要一心为民、兢兢业业地完成岗位工作，为社会和人民作出自己应有的贡献，都会得到社会的认可和尊重，如 2003 年“非典”时期冲上一线的医护人员，2008 年汶川地震中冒着生命危险进入第一线的解放军战士等。

四、如何做到“爱岗敬业”

时下，一句“今天工作不努力，明天努力找工作”说出了工作与敬业的关系，在不同岗位上工作的人都对这句富有哲理的话有着自己的理解。只有尽到自己应尽的责任，才能算是好员工，只有每个员工都认真地承担起自己应该承担的责任，干一行、爱一行、专一行，企业才能和谐运转、持续发展。作为全国养老服务机构十大爱岗敬业标兵的天津天同医养院院长张婼婼就很好地诠释了爱岗敬业精神。

2009年，天同医养院的创始人张婼婼院长，克服了重重困难，为老人们创建了一座温馨的幸福养老家园。医养院建好后，曾有台商打算承包经营管理，张婼婼没有同意，老人们的生活质量等一系列的问题，自己管理才放心。张婼婼事无巨细，各方面都考虑得很周全，处处以老人为本，孝道文化贯穿于张婼婼的思想和具体行动中。

张婼婼自己出资培养了一支懂得护理专业知识、有爱心、有耐心的护理队伍，把爱心传递给每一个人，医护人员在节假日都能坚持用爱心为老人们服务。每到年节，张婼婼为老人们做好节庆饮食，并组织和开展各种有益的康体娱乐活动，活跃老人们的精神文化生活。

创造幸福的人更容易得到幸福，老人们在医养院颐养天年，他们的幸福就是张婼婼最大的欣慰。老人们把张婼婼当成自己的主心骨、自己的依靠，不是亲人胜似亲人，有什么重要的事情都愿意与张婼婼商量。张婼婼的成功得到了社会和家人的认可，家人也都成为了她的好帮手。

张婼婼是夕阳工程中的佼佼者，她身边萦绕着一种永恒的温馨，这是她用爱心营造的温馨，温暖着医养院的老人们，他们在医养院过着幸福的晚年生活。张婼婼是自强不息、厚德载物的典范，是当之无愧的爱心大使。

从张婼婼的事迹中，我们可以看到，她把老人像父母那样对待，把养老院当成自己的家对待，用自己的努力实践着对老年服务事业的热爱之情。

作为一名老年服务从业人员，如果想像张婼婼一样，在工作中做到爱岗敬业，就需要从乐业、勤业、精业几个方面着手。

（一）乐业

乐业就是热爱本职工作，把干好本职工作当作一件快乐的事。要做到这点，首先要认识自己所从事的职业在社会生活中的作用和意义，认识自己的岗位在整个行业中的作用和意义。社会主义建设的每一项工作都需要有人去做，缺了哪一个行业，哪一个岗位都不行。在现阶段，就业不仅意味着生活来源和谋生手段，而且还意味着拥有一个社会承认的正式身份，能够履行社会职能。

社会主义制度要求从事各行各业的人员都要热爱自己的本职工作。作为一名职业养老人，就要脚踏实地完成本职工作。从社会角度和家庭角度来说，养老工作服务的对象是鲜活的生命，这是一项解决后顾之忧、增加老年人生活的幸福感和满足感的神圣职业。这就需要我们要真诚地对待自己的工作，珍惜自己的工作岗位和环境，正确地认识自己，正确面对工作，找准自己的位置，以老年人为出发点，切实做好老年服务工作。

（二）勤业

勤业要求每一位老年服务从业人员兢兢业业，忠于职守，树立职场“钉子精神”。整个社会好比一台大机器，哪怕是其中的一个小小的螺丝钉出现了问题，都会影响整台机器的运转。如果一个从业人员不能尽职尽责，忠于职守，就会影响整个企业或单位的工作进程。据统计，截至 2014 年年底，我国 60 周岁及以上人口数为 21 242 万人，占总人口比例 15.5%，这为老年服务从业人员提供了一个广阔的发展空间和展示自己的舞台。老年服务从业人员，就要像钉子一样，扎根养老服务中，在实现个人理想的同时，与老年服务工作紧密结合，爱一行、干一行、专一行，凭借良好的技术技能，成为老年服务从业人员中的标兵，继而成为养老服务行业中的领导者，在完成老年服务这一事业的同时，最大限度地实现自己的人生理想。

（三）精业

精业是指老年服务从业人员在工作中业务娴熟，精益求精，不断开拓创新。精业是爱岗敬业的最高层次。要做到精业，就必须热爱学习。不仅在校期间认真学习专业知识和技能，而且在走向工作岗位后，还必须不断学习岗位新技术、新知识和新技能。

作为一名老年服务从业人员，在面对现实与理想不一致的情况下，如何做好老年服务工作呢？这就需要我们以奉献精神作为支撑，去完成老年服务这一平凡却又神圣的职业，要对这份职业充满敬意和感激之情，在实际工作中培养自己对岗位的亲切感，逐渐增加自己对岗位的感情，逐步提升自己的工作水平和技能，在工作中树立“服务第一”的职业观，全心全意为老年人服务，就会像上述案例中的先进个人一样，实现自己的事业理想的同时，也受到老人的赞扬和社会的赞誉，真正成为一名优秀老年服务工作者。

任务三 遵章守法、自律奉献——做好老年服务工作的要求

孟子说："不以规矩，不能成方圆。"大千世界虽然纷繁复杂，却有相应的秩序。如果人们任由自由意识支配，就好像没有缰绳的野马，看起来自由自在，其实什么也做不成，甚至会危及生存。人要受到两个方面的制约，一是自然规律的制约；二是社会规则的制约。人类正是在这漫长的社会实践中，逐步认识到：人们的权利，需要规则来保护；人们要做成事，需要规则作保证，由此形成各种规则。

纪律和规则是我们生活中不可或缺的，作为社会中的一员，需要遵守国家的法律，才能正确行使自己的权利，履行自己的义务，完成自己的职业，赢取自己人生事业的成功。

一、"遵章守法"的内涵

国无法不治，民无法不立。人人守法纪，凡事依法纪，则社会安宁，经济发展。倘若没有法纪的规范，失去法度的控制，各项秩序就无从保证，人们生存、发展的环境就会遭到破坏，人民群众就不可能安居乐业。

遵章守法是每个公民应尽的社会责任和道德义务，是现代社会生活的基本要求，是保持社会和谐安宁的重要条件。遵章守法，就是每个从业人员都要遵守纪律和法律，尤其要遵守职业纪律和与职业活动相关的法律法规，严格依照法律的规定行使权利和履行义务。只有严格地遵章守法，才能保证每个人正常地工作和生活，才能保证社会健康平稳地发展。

要做到遵章守法，首先要提升每一位公民的法律知识，增强法治观念。在实际学习、生活和工作中做到知法、懂法和守法，努力学习法律法规常识；其次，遵章守法是从业人员的基本义务和必备素质之一，是每个从业人员的基本要求。邓小平同志说过："我们这样大一个国家，怎样才能组织起来呢？一靠思想，二靠纪律。"

在老年服务工作中，在做到遵章守法的同时，还需要将其进一步融入职业道德中，这意味着我们要在自觉遵守法规法纪的同时，发自内心肯定遵纪守法是高尚的行为，认定遵纪守法是人类理性选择的结果，是善和美的体现。当我

们在内心深处把遵章守法提升到职业道德这一高度，老年服务工作就会真正成为我们人生的事业，成为我们人生工作的起点。

二、如何做到“遵章守法”

我们应该自觉地用纪律和法律来指导和约束自己的行为，既要遵守各项法律规章制度，不做任何违法乱纪之事，同一切违法乱纪行为做斗争，又要依法正确履行法律上的义务，承担工作岗位的职责要求，自觉将各项规章制度化为实际行动。

如果现实工作中，老年服务从业人员不能很好地做到遵章守法，就会酿成无可挽回的悲剧。下面我们从一个养老机构发生的事件来分析，作为一名老年服务从业人员在实际工作中应当如何做到遵章守法。

近日，一则《浙江安吉一敬老院虐待老人，95 岁老人烂掉小腿》的网帖持续引发关注。网帖称，安吉县天子湖镇西亩敬老院虐待 95 岁的老人林金凤，老人的腿腐烂了，肢体被偷偷扔掉，老人家属看到后才将她送医院治疗。

天子湖镇政府针对网帖公布了初步调查结果：林金凤，1921 年 1 月出生，孤寡老人，2013 年年底，林金凤因糖尿病引起左脚疼痛，敬老院先后多次送老人到当地卫生院治疗。但对老人病因及严重性认识不足，未及时送医，致使病情加重。

今年 6 月 23 日，天子湖镇民政办得知此事后，将老人送往医院就诊，在就诊过程中病情进一步恶化，导致足部腐烂脱落。7 月 7 日，天子湖镇政府送老人到浙江大学附属第一医院住院治疗，目前老人生命体征平稳。

天子湖镇党委副书记杨奎强介绍说，敬老院由原来的乡镇卫生院改造而来，现有老人 28 位，工作人员 6 名，其中护工 2 名，年龄均近 60 岁，为当地的中老年人，上岗之前经过当地卫生院的护理培训。

杨奎强表示，出现这样的事情，存在“敬老院工作人员的责任心不强，而且对糖尿病病情的严重程度认识不到位”等问题。

从浙江安吉老人受伤的事件上看，虽然我们不能得出敬老院老年服务人员是否对老人有虐待行为的结论，但在本案例中，养老机构并没有完全按照养老职业规范和准则开展老年服务工作，在第一时间发现老人自身有重大疾患之后，并未第一时间告知其家人，也未采取有效的处理方式，安吉这一养老院服务人员没有遵章守法，导致老人左脚不得不手术治疗的这一悲剧的发生。

具体来讲，老年服务从业人员应从以下几个方面做到遵章守法。

第一，努力学习法律常识，自觉守法，增强法治意识，树立法治观念。作为老年服务从业人员，法律法规既是对老年人进行服务工作的基础，也是老年服务从业人员自己工作行为的准则，更是服务老年人和保护自己的有效保障。由于老年人对法律认识不充分以及服务情况的复杂性，需要老年服务从业人员增强法律意识，理解并掌握相关的法律法规，例如：《中华人民共和国民法典》(简称《民法典》)、《中华人民共和国老年人权益保障法》《中华人民共和国劳动法》《中华人民共和国劳动合同法》《中华人民共和国消防法》《中华人民共和国继承法》等。在掌握法律意识和常识的同时，也需要我们在工作中明确自己的法律地位、法律权利、法律责任和法律义务，做到知法、懂法、用法、守法；在工作之外，也要求我们在生活和学习中自觉遵守法治观念，遵守法律法规，杜绝一切违法犯罪行为，为老年服务工作打下良好的基础。

第二，自觉遵守老年服务行业国家职业规章制度。作为老年服务从业人员，要遵守国家职业标准明确提出的从业人员的基本职业守则，才能保证养老工作任务的圆满完成。要在工作中遵守老年服务职业道德和职业守则，掌握老年护理基础知识，提高卫生、安全意识，提升个人的服务礼仪和个人防护能力，以高效、优异的表现服务好老年人，做好养老服务工作。

第三，自觉遵守和维护社会公德。遵守社会公德，人人有责。社会公德作为人类生活中最起码、最简单的行为准则，对人们的社会生活具有特殊且广泛的社会效力，能维护我们每个公民的利益和良好的社会公共秩序，能保持我国社会的稳定与和谐，也是我们每个公民个人道德修养的重要表现，是社会文明程度的重要体现。因此，我们每个社会成员都应该自觉地遵守和维护社会公德。

三、“自律奉献”的内涵

诗人歌德曾经告诫人们：不论做任何事情，自律都至关重要。自我节制、自我约束，是一种控制能力，尤其人们的性格和欲望，一旦失控，变得随心所欲，结局必将不可收拾。中国近代哲学在对人性进行探讨时，曾用“趋利避害”这四个字来概括人的本性。追求利益和逃避苦难出自人的本能，是天性，关键在于后天如何驾驭。从伦理学的角度来说，一切法律条文、道德规范都是

“他律”，是追求文明的“下下策”。只有出自每个人内心的、主动的“自律”，才是建设精神文明的根本途径。

所谓自律，就是针对自身的情况，以一定的标准和行为规范指导自己的言行，在现场没有人或者以其他方式监督的情况下，通过一言一行，严格要求自己和约束自己。自律，是需要自己自觉地根据工作和学习要求，以自己的实际行动创造出来的一种自我管理和自我教育的良好秩序模式，而不是在很多规章制度的层层“包围下”限制自己的行为。换句话说，自律就是约束自己。周恩来总理严于律己的事迹就是值得我们尊敬和学习的典范。

周恩来事事处处严格要求自己，凡是国家有规定的，他总是带头执行。比如国务院规定，私人用车要自付汽油费。他严格执行这一规定，每次去医院、看演出、去理发等的私事，都要司机一笔一笔记下来，按时付清汽油费。一次，周恩来要向一个图书馆借阅世界地图和其他书籍。他听说这些书籍按照规定是不能外借的，只能到图书馆去看。于是，周恩来就冒雨来到图书馆。当图书管理员一看是周恩来总理时，后悔自己没有在电话中问清楚是哪位领导要借书，结果让周总理耽误了宝贵的时间。周恩来却表扬这位图书管理员说：“你做得很好。没有制度、规定，就办不好事情。别人要遵守规定，我也要遵守规定，我们大家都要遵守规定，这样，一切事情就好办了。”

自律，是在一定环境下的自我管理。作为社会的一员，自身的成长与发展离不开社会的支持与保障。一个勤奋、向上的人，能够在一定环境下，自己给自己创造成长的空间，始终坚守内心中的执着追求，将环境压力转化为实际行动的动力，保持自律，从而促进个人的成长与发展。

在老年服务行业，自律需要我们在这份事业当中，用心遵守相关职业道德制度和守则，约束自己的职业行为。作为老年服务从业人员，因为服务对象的特殊性，一方面要在行业内理解、贯彻和落实国家的法律、法规和相关政策，另一方面也要结合行业的特殊性约束自己的职业行为，形成行业自律。行业自律，是为了规范行业行为，协调同行利益关系，维护行业间的公平竞争和正当利益，促进行业发展。可以说，行业自律已经越来越成为一个企业发展的重要保障，老年服务从业人员需要认真了解并在工作中自觉落实行业自律的精神实质，才能促进企业和整个行业的发展。例如，2011 年，全国老龄工作委员会办公室（下称为全国老龄办）和产业协会联合出台的《全国民办养老服务机构和组织自律公约》，就是对养老行业进行行业自律的体现。

奉献，是一种爱，是对自己事业的不求回报的爱；对个人而言，就是要在这份爱的召唤之下，把本职工作当成一项事业来完成，从点点滴滴中寻找乐趣；努力做好每一件事，认真善待每一个人。简而言之，奉献就是对自己的事业不求回报的真心付出。

老年服务的工作性质要求老年服务从业人员必须把奉献作为重要的道德规范，作为根本的职业目的。奉献并不意味着不要个人的正当利益，不要个人的幸福。恰恰相反，一个自觉奉献的人才能够真正找到个人幸福的支撑点，个人幸福是在奉献社会的职业活动中体现出来的。奉献和个人利益是辩证统一的。奉献越大，收获就越多。一个只索取不奉献的人，实际上是不受欢迎的人。如果人人都只索取不奉献，那我们的社会就不能进步和发展，最后我们也无从索取。因此，老年服务从业人员要有热心为老年人服务的责任感，充分发挥主动性、创造性，将这份职业真正转化为事业，为老年服务行业的发展作出贡献。

四、如何做到“自律奉献”

自律奉献是职业道德的最高境界，也是做人的最高境界。在老年服务工作中做到自律奉献需要从以下两个方面入手。

一是要乐观向上，释放正能量。“正能量”是当前最受大家欢迎的流行语，是一种正确对待生活、工作、社会，积极向上、乐观的态度和信念，是员工个人能力发展的“助推器”。作为老年服务从业人员，应时刻履行岗位职责，凝聚传递正能量，快乐工作，敬业做事。能够快乐工作的员工都是开启自身“正能量”的行家，他们能通过调整情绪、激励情绪、调动情绪等方式将自己处于正能量的包围之中，在不断提升工作积极性的同时，不断挖掘工作中的乐趣，享受工作带给自己的快乐，把工作当成产生幸福感、成就感的源泉，当成人生中最有乐趣和意义的生活经历。释放正能量，就会感觉自己充满活力，也会发现天空湛蓝、阳光灿烂，周围的人也变得和蔼友善了。因此，能够开启和释放正能量，在工作、生活中陶冶情操，修养身心，在快乐中开展服务工作，在服务工作中创造快乐，才是懂得生活真谛、人生意义的智者。

二是要尽职尽责、甘于奉献。有些老年服务工作环境艰苦，劳动繁重，加班加点是常有的事。只有对工作尽职尽责、敬业奉献，才能把工作做得更完美，才能取得成功。一个能够把工作做到完美的员工，一定是个敬业的员工，这样的员工也是最具责任感的员工。做到尽职尽责，就要从身边的小事做起，真正把自己和单位融为一体，勇于奉献，一切以单位的利益为重。尽职尽责是敬业精神的升华，敬业是激发正能量的源动力，能够给人带来一种满足感、一种成就感，能带来莫大的收获和喜悦。在工作中要保持奉献精神，才能在平凡的岗位上干出不平凡的业绩。

思考题

1. 什么是职业道德规范？
2. 老年服务职业道德内容有哪些？
3. 结合学习和实践，在工作中如何做到服务第一、爱岗敬业？
4. 请阅读案例，思考并回答问题。

老年公寓虐待老人，官方介入调查

6 月 1 日，有媒体报道“郑州市中原区畅乐园老年公寓一护工经常半夜殴打、虐待寄宿老人，甚至逼其喝尿”，事件披露后，护工的残暴行径引起了社会的极大愤慨。

当地记者调查发现护工总是凌晨 3 点左右将老人拖起来，如果有的老人不想起来，就抽老年人耳光，殴打老人。视频中，有个老人想喝水，护工就让老人喝尿，还笑着问老人好不好喝，老人若稍微反抗就拿硬物猛击老人的膝盖，边打边骂。随后记者假扮当地居民咨询养老院院长。院长办公室墙上挂满锦旗，院长自称这个养老院服务非常好，老人的入住率很高，还让记者看宣传的照片。

事后，针对中原区畅乐园老年公寓护工虐待老人事件，郑州市警方根据初步调查的结果和有关事实情况，对畅乐园法人和参与虐待老人的护工实施治安拘留，对畅乐园老年公寓依法予以取缔，冻结其账户以待处理。公寓现有的 34 名老人将被分别妥善安置到区内其他 8 家老年公寓生活。

问题：

（1）上述案例中说明护工缺乏哪些职业道德规范？

（2）如何防止虐待老人的事件发生？

（3）如何在工作中做到遵章守法，自律奉献？

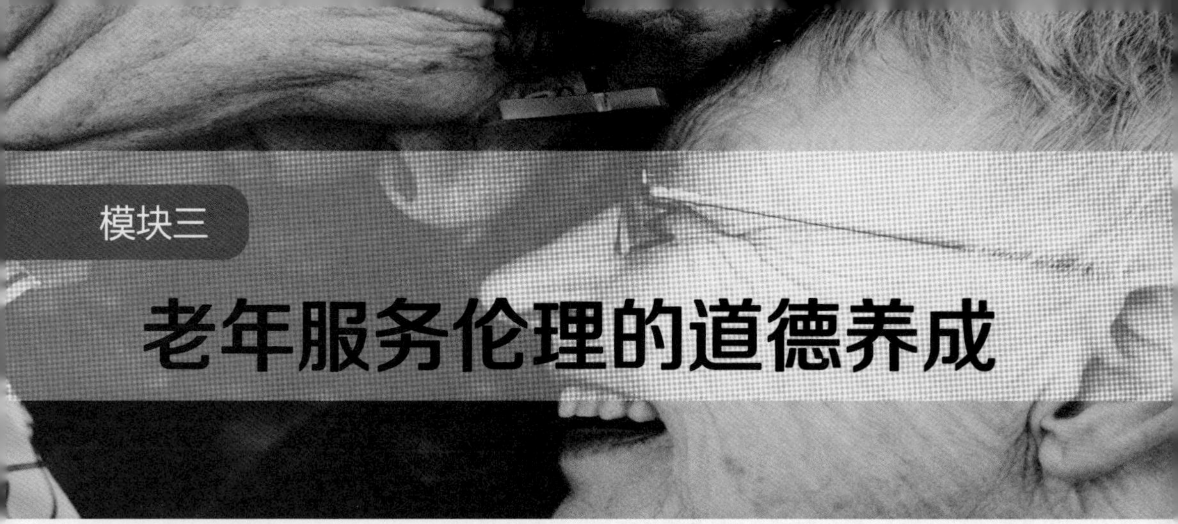

模块三

老年服务伦理的道德养成

学习目标

1. 能够了解自我反省、慎独自律、积善成德和身体力行等道德养成的基本内容。

2. 能够理解老年服务行业道德规范的行为特征。

3. 能够运用道德养成的具体方法，在服务实践中不断提升个人道德修养。

活动导入

自省体验

要求：完成一次真实的自省体验，总结自省的方法，提升自省品格。

请同学们闭上眼睛，静下心来认真进行一次自省，反思自己最近的思想、语言和行为，有哪些地方做得好，哪些地方做得不够好？做得好的方面给别人带来了怎样的快乐？做得不好的方面给别人带来了怎样的伤害？

分享：描述在内省体验的过程中，经历了怎样的心理和情感体验。针对自己的问题，试着找出改进的措施。

问题讨论

1. 生活和工作中，我们为什么需要自我反省？

2. 我们每天应该反思什么？

以小组为单位，合作完成自省问题列表。问题可以涵盖学习生活、家庭生活、社会生活以及未来的职业生活。

任务一　不断进行自我反省

自我反省是自我意识能动性的表现，是行之有效的德行修养的方法，也是中国人德行修养的标准之一。“见贤思齐，见不贤自省也”“只一自反，天下没有不可了之事”等都是中国古代自我反省的经典范例，可见我国古人对自我反省的重视。实际上，古今中外凡是有所成就的人，都具有自省的美德。

一、自我反省的内涵及意义

（一）自我反省的内涵

在心理学中，自省不仅是一种优良的品德，更是一种使人走向幸福的能力。心理学把自省定义为通过自我意识来审视自己言行，也就是自我评价、自我反省、自我调控和自我教育。

我们提倡的自我反省，在一定意义上同古代思想家提倡的“内省”存在本质上的区别，指的是在老年服务实践活动中对自己的作为进行道德上的“反躬自省”，不断在工作中反思、自我解剖、自我检查、自我总结，找出自己的服务行为哪些是合理的，哪些是违反老年服务从业人员的职业道德规范的，这是一种道德上的自我批判、自我批评和自我教育。

当然，我们提倡的“自省”不完全等同于自我批判，也包括自我肯定。逆境时要自省，顺境时更要自省，在自省中总结过去，规划未来。自省也不等于盲目自责，自省是积极的、愉快的、建设性的，是往好的一面引导自己的思想言行。

（二）自省的必要性

法国牧师兰塞姆的墓碑上刻着他的名言：“假如时光可以倒流，世界上将有一半的人可以成为伟人。”一位智者在解读兰塞姆手迹时说：“如果每个人都能把反省提前几十年，便有 50%的人可能让自己成为一个了不起的人。”他们的话，道出了反省之于人生的意义。老年服务从业人员之所以要自我反省原因有以下几点。

1. 反省可以补其过

人无完人，孰能无过？过而不省，其过愈显；过而省之，省而改之，善莫大焉。故曰：亡羊补牢，为时未晚，勤于反省，利于改过。自己说过的话、做过的事，都是自己直接经历和体验的，对自己的一言一行进行反省，反省不理智之思、不和谐之音、不练达之举、不完美之事，往往能够得到真切、深入而细致的收获。

在老年服务活动中，服务对象的特殊性也赋予了老年服务这一职业道德标准的特殊要求。老年人工作几十年，阅历深，经验较丰富，事业上也有所成就，无论是在家庭还是社会中都有一定的影响和地位。一旦离开了奉献一生的工作岗位，难免会产生孤独、焦虑、忧郁和痛苦，所以对服务人员的一举一动、一言一行都会十分敏感和关注。作为一名老年服务从业人员，给予老年人更多的关心和帮助，做到经常反省自身的言行举止，及时修正服务过程中的不妥之处，不仅可以弥补过错，减少失误，更重要的是使老年人感到“不是亲人，胜似亲人”，这关系到老年人的晚年生活幸福，也关系到整个国家的养老事业健康发展。

2. 反省可以修其德

孔子每天都会多次反省自己：替人谋事是否尽心尽力，与朋友交往是不是有不诚信之处，师长的传授有没有复习。这就是圣人高于众人的地方。故曰有德者非无过；有过而能思之、改之，乃谓之德。自我反省是各行各业职业道德修养提升的重要途径，同时也是老年服务从业人员道德培养的重要方法。它不仅有助于老年服务从业人员提高服务质量，工作上做到精益求精，而且有助于提升职业修养，完善个人品质，促进老年服务行业的健康有序发展。

我国老年服务工作由于起步晚，如何与老年人相处，如何认识老年服务工作，道德上应该树立何种观念，应该遵循何种标准开展老年服务工作等一系列问题尚缺乏统一认识，所以，在服务过程中容易出现一些不该出现的事故和问题。对于刚踏入职场，走上老年服务工作岗位的年轻人来说，要做到经常检查自己、反省自己，一旦发现思想和行为有所背离，应立即加以纠正，而不是一味地迁就、原谅自己所犯的错误，更不能因无人知晓就放纵自己的行为。只有坚持自省，才可以强化道德上的自律，防止小错不改而铸成大错；只有坚持自省，并努力寻求解决问题的方法，从中悟到失败的教训和不完美的根源，全力改正，这样才能在反省中清醒，在反省中明辨是非，在反省中变得有睿智，最终成为一名品德高尚的人。

反省可以成其业。齐之威王自思有过，而诏天下人刺其过，齐国乃盛。唐太宗曰："夫以铜为镜，可以正衣冠；以古为镜，可以知兴替；以人为镜，可以明得失。"其善责己过，而后乃有贞观治世。帝王尚思其过，今人更当勤于反省，以成其业！我们只有善于从自己和他人的经验教训中学习，克服自身经验和履历的局限，进而从更广阔、更深厚的大地上汲取思想和经验的营养，才能更好更快地成长起来，使自己走向成熟，变得深邃，臻于完善，成就美好事业。

总之，老年服务从业人员通过"自省"不仅可以补己过、修己德、成己业，而且能提高行业服务水平，增强职业认同感和满意度，为老人们提供优质服务的同时，事半功倍地完善自己的人生。

二、自我反省的方法

自我反省是我国儒家思想提倡的一种基本道德修养方法，也是老年服务从业人员道德养成的重要方法。从孔子开始，历代儒家都把内省作为道德修养的重要方法，并加以提倡、坚持和推行。老年服务从业人员内省要达到内化于心，外化于行，需要首先从明确道德养成目标入手，确保自我反省方向的正确性；其次加强自身道德修养的自觉性，促使自我在无人监督的情况下做到自觉反省；最后在自觉性的驱使下，主动学习行业道德楷模，从而化外在力量为内在动力。

（一）明确道德养成目标

所谓道德修养，是指人们按照一定社会整体的道德要求在道德认识、道德情感、道德意志、道德信念、道德习惯等方面自觉进行的自我改造、自我陶冶、自我锻炼和自我培养功夫。它包括两层含义：一是指动态的"下功夫"，即依据一定的道德原则规范所进行的学习、体验、对照、检查、反省等心理活动和客观的实践活动；二是指静态的"已达到的功夫"，即在经过长期的努力之后所形成的品质、情操和道德境界。

道德修养拓展到职业道德修养领域，就是集中于执业者对职业道德的内涵与规范内容的自我养成与反思，其关键在于做到内省。为了保持自我反省的稳定性、可持续性和科学性，需要首先明确道德养成的目标，主要体现在以下几个方面。

1. 强烈的行业规范意识

行有行规，业有业德，每个行业都有自己的职业道德要求。老年服务从业人员需要具备“关心同情、尊重理解、服务第一、爱岗敬业、遵章守法、自律奉献”的职业道德规范，这是最基本的规范和要求，也是实践自我反省的重要依据。

2. 深刻的职业道德认识

理性地认识自身从事行业的特点和发展前景，热爱自己的工作和服务对象，深刻意识到自己所从事的是一项光荣而伟大的工作，并愿意为老年服务事业作出自己的贡献。

3. 炽热的职业道德情感

无论是从事护理工作，还是从事管理工作，老年服务从业人员的服务对象都是老年人，通过内省法，让从业者真正懂得从事老年护理工作，需要有爱心、耐心和热心，要不断加深对所从事工作的理解，从而在思想上尊重老人、感情上贴近老人、行动上服务老人。

4. 顽强的职业道德意志

老年服务从业人员的工作光荣而艰巨，要应对老年人因生理、心理、社会、家庭因素等变化所带来的各种改变和不适，需要老年服务从业人员体验和认识所从事的职业和自身角色的特征，准确定位并树立自身的角色，以职业意志为引导，在自身的职业活动中，进一步增强责任感和使命感，培养职业道德和敬业精神，从而保证自我反省的长期性和可持续性。

（二）加强自身道德修养的自觉性

内因是事物发展变化的决定性因素，外因通过内因起作用。道德修养提升过程中，起决定作用的是自我审度、自我教育、自我锻炼、自我改造和自我完善，而不是国家、社会、学校的强制措施。强制性措施虽然能够使个体的行为符合社会的要求，但个体对社会行为规范的遵守是不自觉的。一旦强制力松动或者被取消时，个体就不一定遵守道德规范。自我反省如果仅仅依赖外部的强制力，而非内在动力驱使，也就失去了它存在的意义，所以个体道德修养自觉性的加强，从一定程度上可以保障自我反省的高效实施。

因为道德修养的自觉性能清醒地认识到自己行为的目的及社会意义，并随时主动支配自己的行动，使之符合行动目的的道德品质。它反映出个体的道德立场和道德信念，贯穿道德意识行动的始终，是道德意志产生的根源。因此，要注重个体道德修养自觉性的培养，提高道德认识能力，依据一定的道德目的独立支配、调节自己的道德行为，不轻易受外界影响而改变原来的决定，行动起来方向明、决心大，不畏艰险，信心百倍地战胜困难。同时能够广泛听取别人的意见和建议，不拒绝有益的意见，对行动过程及结果能进行自觉地反思和评价，有自知之明，敢于坚持真理，执行正确的决定。

小贴士

伯启的自觉反省

夏朝时候，诸侯有扈氏叛变，率兵入侵。夏禹派他的儿子伯启抵抗，结果伯启被打败了。他的部下很不服气，要求继续进攻，但是伯启说："不必了，我的兵比他多，地也比他大，却被他打败了，这一定是我的德行不如他，带兵方法不如他的缘故。从今天起，我一定要努力改正过来才是。"

从此以后，伯启每天很早便起床工作，粗茶淡饭，衣着朴素，爱护百姓，任用有才干的人，尊敬有品德的人。过了一年，有扈氏知道了，不但不敢再来侵犯，反而主动投降了。

这一故事给我们的启示是：当遇到失败或挫折，假如能像伯启这样，虚心地自觉检讨自己，马上改正有缺失的地方，那么最后的成功一定是属于你的。

老年服务从业人员要实现道德自觉，可以借鉴儒家学者的理念。儒家学者认为，道德自觉的实现有着多种途径，如"格物致知""致良知"等，但是最主要应该是"反己""内省""省察"。反省是修养的一种方法，它需要人们不停顿地修炼，最终使自己的人格趋于完善。

老年服务从业人员道德自觉性养成的具体途径包括以下几种。

1. 认同与接受老年服务的工作价值

认同和接受是做好老年服务工作的前提。目前，社会上对老年服务工作还存在一定的偏见，认为老年服务工作地位低，待遇差且辛苦，致使个人对行业形成偏见，所以认可老年服务行业的价值理念，接受老年人群体显得尤为重要。能够站在老人的立场上，用自己的心灵作为手段和尺度去衡量和体会他们，才能打开老人的精神大门。

2. 不断学习，夯实基础

老年服务道德修养是以科学文化知识为基础，以老年服务专业理论和服务道德理论为指导的一种理智的、自觉的道德活动。它需要扎实的理论基础和丰富的实践经验。而学生在理论和实践方面的储备尚显不足，要提升自己的思想觉悟和道德水平，只有不断学习科学文化知识、专业知识技能和伦理知识，加强知识积累，夯实基础，才能增强是非、善恶、荣辱观念，提高观察和处理问题的能力，把握好自己前进的方向，最终成为符合老年服务行业发展需要的优秀人才。

3. 体验和践行

从道德自觉的养成这一个“养”字中我们可以知道，道德自觉不是与生俱来的。体验和践行是道德自觉“养成”的基础。

对于老年服务从业人员来说，所谓体验则是从业人员的知、情、行的亲历、体认和验证的过程，它直接将对象融入自己的生命意识之中，用自己的心灵去参悟和理解。所谓践行就是要在实践中做到“知行合一”，将老年服务行业道德规范转化为行为。马克思指出：“全部社会生活在本质上是实践的。”这是人类思想史上一个亘古不变的话题。老年服务从业人员道德自觉性养成离不开实践，既要在实践锻炼中认识、理解、掌握社会道德要求，又要在实践中把社会的要求内化为自身的道德需要。

（三）自觉向道德楷模学习

榜样即楷模，是生活中值得大家学习的人或事物。重视榜样，发挥榜样的教育作用，历来是道德教育的优良传统。

道德楷模是各行业的典范，他们从平凡的生活中脱颖而出，在普通的岗位上屡建功勋，他们凭借的是什么？他们信仰的是什么？他们追求的是什么？看一个道德模范，除了他们手中金色的奖牌、鲜红的证书和灿烂的笑容，我们更想知道在这无上荣誉和灿烂笑容背后的故事。也许这故事是辛酸的、苦涩的，或是快乐的、幸福的，我们都想用心去聆听、去反思。因为他们的经历就是教育我们成长做人、爱岗敬业的最鲜活的教科书。

有人说，榜样是一种态度，是一种动力，更是一种力量。榜样不仅具有感染、激励的功能，而且具有号召、启迪和警醒等作用。当人们了解榜样的生平及事迹后，会在思想上受到深刻教育，在精神上受到极大鼓舞，在感情上引起强烈共鸣；一个榜样就是一面镜子，面对榜样，每个人都可以对照、检查自己，做到自警自策，修身养德；通过对榜样的学习和效仿，可以使先进的受到激励、平庸的受到推动、后进的受到震动，从而达到净化心灵、塑造人格、教育自我。

学习道德楷模，我们应做到如下几点。

1. 发挥道德楷模的示范作用

每一个道德楷模就是一面鲜活的道德旗帜，他们生动感人的事迹无不引领、激励我们不断前进，向道德楷模学习是我们每个人进行道德修养的重要方式，也是有效的个人道德修养的方法。见贤思齐，可以使我们提高道德修养，提升道德觉悟。

小贴士

榜样的力量

2013 年 10 月，长沙市第一福利院举行了首届职工文化节暨护理员节，表彰了在养老护理工作岗位上任劳任怨，默默奉献的 10 名优秀护理员，他们在平凡的岗位上用高尚的情操和美丽的心灵，给老人一个温暖的家。

2013 年 12 月，青岛福彩养老院护理员王霞在“第四届全国道德模范”和“中国好人榜”身边好人评选中，荣登“中国好人榜”。在她的带领和影响下，2013 年福彩养老院的护理员队伍又涌现出许多像她一样优秀的护理员，刘隽、刘从华、王虎山、庄书梅、朱桂芳 5 位同志在全市养老服务业表彰大会中获“养老服务业优秀护理员”；在“第二届青岛市家庭服务业技能比赛”养老护理专业中，刘隽获得“青岛市金牌养老护理员”称号。

2015 年 4 月，青岛福彩养老院养老护理员王虎山在青岛市“五一”国际劳动节暨劳动模范表彰大会上荣获“青岛市劳动模范”光荣称号。此外，还有许多在老年服务行业一线岗位上默默奉献的优秀人物，他们在实践中践行老年服务道德规范，为广大的老年服务从业人员树立了榜样，值得我们认真学习。

2. 正确认识道德楷模

道德楷模是那些道德高尚，值得我们学习的榜样，他们并不是高不可攀的，他们的先进事迹和模范行为都是在平凡的岗位上长期践行道德规范的结果。只要我们坚持不懈地努力实践，我们每个人都可以成为道德模范。

3. 学以致用

学习道德楷模要与我们的学习工作结合起来，不能只停留在口头上、纸面上，纸上谈兵对个人道德修养没有任何作用。只有落实到我们的现实工作中，付诸行动，才能提高我们的道德水平，培养高尚道德。

综上所述，老年服务从业人员加强道德修养，就要明确道德养成目标，把握方向，具备道德养成的自觉性，并积极向现实生活中的道德模范学习，以他们为标杆、旗帜。他们无穷的力量会给我们带来极大的精神鼓励和心灵感染，从而引导我们为每一位老年人提供高质量、高品位的服务。

任务二　努力做到慎独自律

活动导入

你能做到“慎独”吗？

讨论：一些日常的小情景。

1. 在无人看见的情况下，你捡到钱后怎么办？

2. 你进出公共场所随手关门了吗？

3. 购物时，别人多找了钱，你会主动退还吗？

4. 你在没有人看见的情况下乱扔过果皮、纸屑吗？

5. 你未经允许，会动别人的东西吗？

6. 你考试作过弊吗？

7. 你在食堂打饭会自觉排队吗？

8. 你独自上网时浏览过不健康的网页吗？

9. 你犯了错误会主动承认吗？

10. 你有没有不排队挤车抢座位，不遵守交通规则的行为呢？

针对以上情景，请思考以下问题。

1. 如果没有监控设备，以上行为你会做吗？

2. 怎样才能杜绝以上行为的发生？如何理解“慎独”？

“慎独”是我国先秦儒家圣贤所倡导的修身方法和推崇的道德境界，自提出以来便受到历代学者的大力倡导，形成了包融诸多道德精神的重要思想。其本身蕴涵着深邃而强有力的，充分体现人主体能动性的自律力量，对今天的社会主义道德建设仍具有重要价值。

一、慎独的内涵及意义

（一）什么是慎独

1.“慎独”的概念

“慎”和“独”作为单一概念，曾广泛见于先秦典籍。在儒家经典之一的《尚书》中，“慎”字见于“克明德慎罚”，意为能够谨慎地明察德行，“独”字见于“无虐载独”，意为不要虐待鳏寡孤独、无依无靠之人。到战国至秦汉时期，“慎独”开始作为独立范畴出现。《礼记》中的《大学》《中庸》两章开宗明义提出慎独思想。《礼记·中庸》曰：“莫见乎隐，莫显乎微，故君子慎其独也。”这就是说，不要因为是在别人看不到、听不到的地方而放松自我要求，也不要因为是细小的事情而不拘小节，道德原则是一时一刻也不能放下的，要时刻用它来检点自己的言行。即使一个人独处，无人注意的时候，也要谨言慎行，不做失道失德的事。《礼记·大学》则说：“所谓诚其意者，毋自欺也，如恶恶臭，如好好色，此之谓自谦，故君子必慎其独也！”意思是所谓使自己的意念诚实，就不要自己欺骗自己。就如同厌恶污秽的气味那样，如同喜爱美丽的女子那样，使自己感到心安理得，所以君子一定要在独处的时候保持谨慎的态度。

“慎独”作为儒学伦理的重要修身内容及历代社会倡导的美德，概括来讲，大致包含着狭义和广义两层意思。

从狭义上讲，“慎独”指的是“唯独”，也就是说“慎其独处之所为”，独处无人时，自己的行为与思想要谨慎不苟。一般情况下，人们能够遵守道德规范，基本做到循规蹈矩，源于纪律约束和他人监督，而一旦外界压力消失，无人监督时，往往就会放松对自己的要求，行为出现偏差的可能性增大。

从广义上讲，“慎独”指的是“泛独”，即“慎独而不独”，也就是“唯独”再加上“慎其无人监督之所为”。不因“不为人知”而为不该为之事，也不因“以为人知”而做表面文章，不因他人监督而弃恶，也不因他人监督而为善。无论何时何地，都要自觉遵守道德规范，自觉摒弃违背道德的观念或不符合道德要求的言行，做一个真正的道德高尚的人。

对老年服务从业人员而言，“慎独”是指在个人独处、无人监督的时候，仍能自觉遵守道德规范，坚决不做对他人、对社会和对国家有害的不道德的事情。一般说来，人们往往在纪律约束下和有人监督的时候能够按照道德要求去做，但在外界监督消失的情况下，对自己的要求就会放松，行为也可能出现偏差。因此，“慎独”是对人的道德修养提出的更高要求，“慎独”是我国伦理学所特有的范畴，它既是道德修养的一种方法，又是道德修养所要达到的一种崇高的道德境界。老年服务从业人员要加强职业道德修养，努力达到“慎独”境界。

2.“慎独”的特征

“慎独”至少具有以下几个方面的特征。

第一，“慎独”包含真诚性，是指依靠内心的信念作出选择并付诸行动的过程。内心不真诚，不是为了德性和善本身而为善，就是一种伪善；内心不真诚，只能在短时间内假装为善，不可能坚持长久；内心不真诚，即使可以做出善事，也不可能在任何地方都做善事，因为一旦“无利可图”，就会缺少做善事的动力。

第二，“慎独”具有自觉性。这一特征是“慎独”直到今天仍然熠熠放光，没有因时代的变迁而褪色，没有因政权的更替而消失的原因所在，它蕴涵着人类的道德理性。对德性的知识使得我们意识到，个体的善有助于增进共同体的善，并最终保障个体自身。于是，强烈社会责任感使我们的行为高度自律。

第三，“慎独”具有实践性。只有在行为上表现出慎独的人，才能被称为一个道德高尚的人。满足于空谈，而不去实践，无论其道德知识有多么正确，无论其修身养性的功夫做得有多好，也于事无补。

第四，“慎独”具有超越性，这是其最核心的特征。道德的地位居于法律和宗教之间。较法律和宗教而言，道德具有的力量有时是极其有限的，甚至是微弱的。它要上溯宗教教义的超越性信仰，下依法律规则的强制性力量，以获得自身的有效性。因此，在道德范畴中，“慎独”是最具有超越性的道德概念。

（二）“慎独”修养与老年服务工作

随着社会经济水平的提高，人们对老年服务水平的要求相继提高，如何赢得老年人的信赖和尊重，增加社会的信任度，已成为老年服务从业人员道德养成的一个重要问题。要想让老年服务从业人员在实际工作中担负起服务老年人这一光荣和伟大的使命，成为既懂专业技能，又能全心全意为老年人服务的工作者，这就要求从业人员必须加强职业道德和“慎独”修养的培养，从而具备良好的道德行为和健康的人格。其主要原因有以下两个。

1. 职业特点的必然要求

老年服务工作的工作环境、工作性质和工作任务，决定了职业工作中特殊的伦理道德价值和实践指导意义。“慎独”修养对每一名从业人员提出了更高的道德原则和标准。当前老年服务工作中最突出的矛盾是岗多人少，工作头绪复杂，并且老年人对服务工作质量的要求不同，服务人员易产生紧张焦虑及厌烦心理。老年服务从业人员在服务中的盲点也决定了实际操作具有很高的个人自由度，大部分行为是在无人监督的情况下完成的，如果没有良好的职业道德素质及“慎独”修养，则很难达到服务老年人的基本要求。

2. 当代社会发展的需要

1999 年我国步入老龄化社会以来，截至 2012 年，我国是世界上唯一一个老年人口超过 1 亿的国家，且每年以 3%的速度快速增长，2020 年我国老年人口已占总人口的 18%。面对老龄化社会的严峻挑战，各方面的因素却制约着老年服务行业的发展。由于护理人员薪资待遇较低，工作强度较大导致的专业护理人才短缺就是关键制约因素之一。另外，由于工作难度逐步加大，经常出现老年服务从业人员的不规范操作和不道德行为，在社会上引起了恶劣影响。如郑州市曾发生的养老院“虐老”事件、黑龙江海伦市联合敬老院纵火案、湖南双峰县养老院恶性杀人事件，再到发生在河南平顶山老年公寓的火灾，频频发生在养老院的惨剧，折射出基层养老的种种问题，显露出老年服务从业人员“慎独”意识的缺失。

二、慎独的方法

“慎独”是老年服务从业人员道德修养水平的最高境界，它不是一朝一夕能够修炼成的，必须怀着一颗真诚的心，从日常生活的点滴做起，在“微”和“隐”的地方下功夫。

（一）“真诚”是“慎独”的起点

真心诚意的美德，是“慎独”的关键和核心。之所以要强调老年服务从业人员道德修养的真诚性，是因为个体的外在行为直接取决于其内在意志、内心意念，换言之，个体有何种内在意志，就会有何种外在表现。所以，要修养道德行为，首先要端正内在意志、内心意念，从根本上、源头上杜绝不道德行为，这也是儒家所强调的“内省”的修养方法。

此外，真诚不仅要以诚对己，更要以诚达人。由诚己而达自善，而又不止于自身近善，更能以诚感人、以诚化人，从而使他人也近善。诚己与诚人是真诚的两个重要方面，故《礼记·中庸》云：“诚者非自成己而已也，所以成物也。”要做一个真诚的人，只使自己达到真诚是不够的，还要使其他事物也达到此种德性。天下万物怎样才能达到真诚呢？一是要看个人是否达到了、表现了蕴涵于其中的万物的德，即“成己”。二是在于人的真诚能够感化他人他物，即“成物”。总之，真诚乃“慎独”之本、“慎独”之源，没有“诚意”，“慎独”就是空话，完善道德人格也是一句空话。

从以下案例可以看出，“真诚”也是开展老年服务工作的前提。老年服务从业人员只有具备真诚的态度，为老年人开展的各种服务才会被认可，才会彰显价值。

太湖新城东门社区 70 岁的独居老人陆萍来到松陵镇居家养老服务中心，向负责人蒋元华送上了“真诚服务暖人心，精心呵护似亲人”的锦旗。

据陆萍介绍，东门老屋拆迁后，他目前暂居在出租房内。蒋元华带着工作人员在他的出租房内装了“专门”的电话，还送上了手机，送餐、家政服务和理发也是免费的，这些关怀让他感激不已。“中心的服务很细致。如果我 11 点多没去拿饭菜，他们就会打电话来问是否需要送餐到我家。我有理发或家政服务需求时，他们还会提前一天打电话来和我联系好。他们的工作做得很细致、周到。”陆萍老人告诉记者，他的心脏不太好，一个人独居多有不便，现在他没了担忧。他说：“有这样的服务，我可以放心了。”

今年，陆萍老人被列入松陵镇居家养老服务中心的重点援助服务对象，通过政府买单，老人可选择价值相等的套餐接受服务。具体为：A 套餐以送餐为主，家政服务为辅；B 套餐以家政服务为主，送餐服务为辅。蒋元华为老人上门安装的座机比较特殊，紧急按钮直通 110 报警平台，绿键直拨居家养老服务中心电话。送给老人的手机还有定位系统，可以在老人走失后迅速找到老人的基本位置。

据蒋元华介绍，居家养老服务中心重点援助服务是政府买单的实事工程，中心成立后，太湖新城北门、三村、东门、二村、城中等社区共有 7 名符合条件的孤寡老人享受到了重点援助服务。

（二）从“慎私”上下功夫

“慎私”“慎独”最能体现人的素质和修养。“慎私”是“慎独”的阶梯，“慎独”是“慎私”的最高境界。

小贴士

唾面自干

很多先贤都是“慎私”的高手。武则天时期，娄师德问弟弟：“我做到宰相，你又是地方高官，人家会嫉妒你，怎样才能保全性命呢？”弟弟说：“今后，即使有人把口水吐到我脸上，我擦去就是了。”娄师德说：“这恰是我担心的。人家唾你，是对你发怒了，如果擦了，说明你不满，人家会更加发怒。应该让唾沫自干。”这就是成语“唾面自干”的来历。娄师德教育弟弟要戒骄戒躁，夹着尾巴做人。

慎独是自我完善的必修课，是“入德之方”。曾国藩告诫子孙说：“慎独则心安。”东汉时，有人曾受益于杨震的举荐，送给他十金，说夜深人静，无人知晓。杨震说：“天知，神知，我知，子知。何谓无知？”还有一个故事流传很广，一个宦官人家为宅基地打官司，写信让在京做官的亲属给地方官打招呼。这个官员写了一首诗：“千里捎书只为墙，让他三尺又何妨？万里长城今犹在，不见当年秦始皇。”对方一听，也让了三尺，于是就有了相让胡同，让我们领略了古人“慎私”的精神。

我们党有许多“慎私”的楷模。周恩来生前为家人亲属定了“十不准”，包括晚辈不准丢下工作专程来看望他、不准请客送礼、不准动用公家的汽车、不要说出和总理的关系等。“十不准”是周恩来总理对亲属的具体要求，更是他严格自律的真实写照。

老年服务从业人员想做到“慎独”，要向“慎私”的楷模学习。学习他们在工作之余还能坚守道德底线，做到清廉正直。除此以外，还要关注个人生活，照顾好自己，保护自己的身体和心理健康。如每天抽一点时间进行卫生清洁，为自己补充营养，学会欣赏自己的美丽和善良，让自己的精神放松，保持心旷神怡，只有会欣赏自己才会欣赏别人，更多地看到别人身上的优点，这样才能实现“为老年人奉献爱心”的人生目标。

（三）重视“慎独”精神的培育

“慎独”精神是我国传统的优秀道德精神，其中的精华在当今社会中仍有不可估量的宝贵价值与作用。要培育良好的“慎独”精神，须做到以下四个方面。

1. 理性的“慎欲慎辨”精神

对于“慎欲”，儒家对欲虽无极端的否定，但却认为欲索无度会招致伤德之祸，因此老年服务从业人员要懂得放纵欲望的危害，要“慎欲”，克制不良的欲望，将自己的言行导向正道。

“慎辨”是指选择美好正确的目标并付出自己的执着。犹如人之行道，方向的选择是最具有决定性作用的，也是行路的前提。老年服务从业人员在道德养成的过程中，方向的选择和是非观念的明确与否，直接影响养成效果，如果没有找对修身的方向，是非不明，善恶不分，则会使后付出的所有努力化为乌有，甚至起副作用，使自我陷入困境。因此必须分外重视“慎辨”的重要地位。

2. 诚心的“慎隐”精神

“慎隐”就是在无人监督的地方谨慎地注意自己的思想和行为，不出现违背道德的念头和行为。老年服务从业人员做到“慎独”就要在“隐微”处下工夫。“入暗室而不欺”，在无人知晓、无人监督的情况下，自觉地践行老年服务行业道德规范。别人看不见、听不到的地方，恰是一个人完善自我道德人格的重要场所，只有在这些地方自觉加强道德修养，才能成为道德人格高尚的人。屈原曾说：“闭心自慎，终不过失兮，秉德无私，参天地兮。”古希腊哲学家德谟克利特也说过：“要留心，即使当你独自一人，也不要说坏话或做坏事，而要学得在你自己面前比别人面前更知耻。”“不应该在别人面前比自己面前更知羞耻，而应该在一个人也看不见时和大家都看不见时一样不做坏事。”

3. 正己的“慎微”精神

“道自微而生，祸自微而成”，任何人的善念和恶行都不是凭空而来，它不是一个自然形成的结果，而是一种循序渐进的修养过程，需要时时处处用道德规范约束自己的言行，养成健康的思维和行为方式，对于老年服务从业人员而言更是如此，在实际工作中要注意做到立足自身，由小及大，由表及里，在日常生活中不断自我提醒，自觉践行善德。要引导自我做到“勿以善小而不为，勿以恶小而为之”，克服“不足道”的自谅心理，积小善而成大德，逐步地完善自我。从细微处着眼可以从遵守老年服务行业道德规范做起；从“关心老人、尊重老人”做起。在服务过程中，只有及时克服和纠正小缺点、小错误，将之消除在萌芽状态，才能减少摩擦和纠纷，成为一身正气修养高尚的人。

老年服务从业人员培养自身的“慎微”精神就从培养洞察力开始。工作之余，要细心观察老年人情绪的细微变化，观察老年人身体健康情况的变化，观察老年人的生活能力以及观察老年人处理人际关系时的微妙变化等，只有留心观察，当老年人因角色转换或家庭变故等因素导致心理改变时，老年服务从业人员才能及时发觉，并采取措施防止情况恶化，做到防患于未然。

4. 善始善终的“慎恒”精神

“慎恒”，即持之以恒，锲而不舍，始终保持高远的志向。雷锋同志曾经说过：“要做一天好事容易，要做一辈子好事却是很不容易的。”要实现“慎独”就要坚持“慎恒”，正如《天关语通录》中所言：“无论远近始终，都是滚作一段，更无可间断离析处，不可须臾离。”老年服务从业人员要做到“慎独”，就须坚持“慎恒”，在道德修养的道路上，从始至终都能慎重对待每一位老人，并长期坚持赋予他们爱心、细心和责任心，持之以恒，一如既往地保持高尚的道德情操，“不以视之不见而移其心，听之不闻而变其情”，像以下案例中的小王20年如一日，坚持为老人服好务。

1991 年，一个偶然的机会，年仅 19 岁的小王成了某敬老院的一名护理员，这一干就是 20 年。20 年如一日，她天还没亮就起床打扫庭院、为老人整理房间、洗衣服、准备用餐，她对老人们的照顾可谓是无微不至。她说，让老人们吃好、住好、身体好，这是她的职责，而且，针对不同的老人，她还注重采取不同的沟通和护理方法，处处为老人着想，从老人的实际出发，赢得了老人及其家属的赞美。老人们见到她总是乐呵呵的，都夸她是一个好闺女。

有人问她：“从 19 岁到 39 岁，你把人生中最美好的青春年华献给了敬老院，献给了养老护理事业，你是否后悔过？”她总是坚定地说：“我从不后悔，我是一名共产党员，如果党需要我在敬老院工作一辈子，我愿意一辈子干下去。”

若是心怀侥幸认为道德修养不必时刻注意，把修身当作是阶段性的任务，“三天打鱼，两天晒网”，则必然会使修身的成果付诸流水，前功尽弃。

（四）利用“慎独”精神培养自我道德行为

1. 自我约束能力

“慎独”的基本特点就是靠自觉，老年服务从业人员要想道德修养达到“慎独”的境界，就必须要有较强的自律能力。在道德养成过程中，“慎独”就是一种培养个体自觉的过程。

据报道，河北某学院曾经举行了一场别开生面的期末考试，60 名考生走进了“慎独”的考场，在无人监考的环境下进行并顺利完成了考试。该学院一直以来教育广大师生把“慎独”作为加强思想道德建设的着力点，在全校学生中养成一种“慎独”精神。严格来说，这些考试并非真正意义上的“慎独”，虽没有监考老师的监督，但是仍存在互相监督。该类考试还是值得肯定的。学生要有意识培养“慎独”精神，学会自觉严于律己，谨慎对待所思所行，防止偏离于道德的私欲行为发生，也是非常有必要的。

2. 独立思考能力

当独立思考的良好习惯养成后，会在以后的工作中独立思考，无论是否有人检查或督促，都能按部就班地独立完成自己的任务。这一良好习惯的养成，需要老年服务从业人员在工作过程中注意细节的审视。

3. 明辨是非能力

“博学之，审问之，慎思之，明辨之，笃行之”，在多种价值观、社会思潮的碰撞中，老年服务从业人员要具有独立思考、辨析身边事物的是非曲直的能力，在工作和生活中作出正确的判断，坚定政治立场。

任务三　坚持积善成德，身体力行

案例导入

从事养老服务是行善积德

2013 年年初，湖北省政府出台《关于加快发展城乡社区居家养老服务的意见》，并将其列入为民办十件实事内容予以重点推进。这项工作进展怎样？群众还有哪些期盼？省委书记李鸿忠与相关人员一道，来到武汉市武昌区东亭社区养老机构调研检查。

在东亭社区内的一家民办养老机构——复兴居家养老公寓里，李鸿忠一行与这里的老人们拉家常，查设施，摸凉席，看得认真，问得仔细。民政部门负责人介绍说，像这样中小规模的民办养老机构，办在社区，很方便，收费也不贵，每月费用在 1300 元至 1800 元之间，老百姓很欢迎。“群众有需要，我们再努力。”李鸿忠当场表态说，高端养老需求由市场来解决，政府支持社会力量兴办养老机构，下一步要把重点放在扶持面向普通群众、困难群众的民办社区养老机构上。

“从事养老服务这个行业，是行善积德。”临走，李鸿忠鼓励机构负责人说，你们代很多人办了尽孝的好事，这个职业很伟大，希望你们为解决社会养老问题作出更大贡献。

“从事养老服务这个行业，是行善积德。”李鸿忠的一席话道出老年服务行业的本质。从事老年服务行业的服务人员不仅肩负着国家、社会、老年人家庭对老年人的关怀，而且肩负着提高老年人的生命质量，维护老年人的尊严的社会重任。

一、“积善成德”和“身体力行”的含义

《荀子·劝学》说:“积善成德，而神明自得，圣心备焉。”荀子认为一个人高尚的精神境界和美好的品德，不是先天就有的，必须经过后天持续不断的善的行为的长期积累过程。没有这种善行的积累过程，不可能成就高尚的道德境界和美好的品质。

“积善成德”本意为个体的道德品质是由其平时一个一个善的行为（也称道德的行为）长期不断积累的结果，就是要积累善行、善德，使之连成一体，扩张升华，巩固强化，以逐渐凝结成优良的品德。

善是广义的。将垃圾入箱是一种善；向困难人士伸出援助之手是一种善；对贫困儿童施以爱心是一种善；为老人让座亦是一种善。善可以无处不在，不能因善小而不为，恶小而为之。

“身体力行”意为亲身体验，努力实行。不仅在口头上主张、赞同或接受，而且也努力去实践，这也是道德认识和道德情感的来源。荀子说:“不闻不若闻之，闻之不若见之，见之不若知之，知之不若行之。学至于行之而止矣”。大致意思是说学习要“闻”“见”“知”“行”，只有学以致用和付诸实践，才能达到学习的目的。

“学”与“知”最终要落实于“行”，这也是人们修身养性的最后归宿。只有身体力行、学以致用，才能认识自己的行为哪些是道德的，哪些是不道德的，应该做什么，不应该做什么，才能真正地健全自己的道德人格，陶冶自己美好的情操，提高自己的道德境界。

二、老年服务从业人员道德养成贵在“积善成德”

“积善成德”贯穿老年服务从业人员整个工作过程，从语言表达、心态到护理操作规范等都可以融入“善”的因子，由“善”成“德”，再到“因德至善”，这不仅能体现服务人员的真诚，拉近与老年人的距离，赢得他们的信任和理解，而且也是个人道德修养不断提升的实践过程。

（一）“积善成德”的内容

“积善”实则不难，我们需要首先从善待自己开始，然后用一颗善待自己的心善待他人，善待环境，让自己尽快融入身边的环境，创造宽松和谐的人文环境。

善待自己：就是要正确认识自己，发掘自身的优势，保持一颗积极上进的心，热爱生活，追求美好。由于老年人的压力来源多元化，或来自家庭，或来自心理、生理方面等，老年服务从业人员工作中难免会遇到各种阻碍，尤其是对于经验不足的新手来说，服务好老年人首先要学会善待自己，做到心理上能自调、行为上能自律、情感上能自控。只有学会善待自己的人，才具备善待别人的本领。

善待他人：这是一种情操，一种美德，是一种“己所不欲，勿施于人”的品格。这里的“他人”对老年服务从业人员而言，不仅指老年人，而且包括身边的同事、家人、朋友等一切与自己有关的人。善待他们实则是善待自己。老年服务从业人员只有正确认识他人的长处与不足，接纳他人，尊老爱幼，友爱他人，乐于助人，能宽容他人的过失，能忍让他人的过激，能为他人的快乐而快乐，能为他人的悲伤而忧愁，能有为他们奉献的精神，才能真正成为一个品格高尚的人。

善待环境：老年服务的环境大体可以分为人文环境和物理环境。人文环境主要体现在场所的气氛及人际关系方面，它对老年人心理和行为产生着实实在在的影响，这也与老年服务从业人员的道德修养和职业意识等方面有着十分密切的关系。物理环境主要体现在老年人的生活及居住环境方面，营造科学合理的物理环境能使老年人身心愉悦，幸福指数增加。正确对待老年人生活的环境，一切以老年人方便、安全、无障碍为原则，善待环境的每一个方面，做到尽善尽美，才能最终实现人与环境的和谐共处。

（二）“积善成德”的道德养成途径

积是途径、善是行为、成是过程、德是目的。老年服务从业人员在实际工作中要通过习善、扬善、行善、积善，做到循序渐进，日行一善，积善成德。具体途径如下。

1. 存善心

善心是善言和善行的基础。“善”首先体现在心态上，服务老年人要有向善、从善、行善的心理品质，拥有爱心、富有同情心、怀有感恩之心。老年服务从业人员还要每日反省自己，不善的行为不但不能做，甚至不能想，这就是善思。从思想上追求善，努力使自己的思想符合客观实际，符合老年人的利益，符合高尚的道德。

2. 吐善言

“良言一句三冬暖，恶语伤人六月寒”。善言对老年人有帮助、鼓励、安慰、促进的作用，老年人会从服务从业人员的善言中获得温暖，得到积极反馈，得到醒悟，得到启发和提高。正如“听君一席话，胜读十年书”“好言难得，恶语易施”，也都是说善言的可贵。

善言不仅可以避免是非，而且可以帮助老年人恢复自信和勇气。老年人随着年龄的增长，不仅器官功能下降，体态容貌也发生了改变。面对衰老，他们会产生惧怕和无奈，极易导致心情抑郁，甚至会将自我不满转化为对儿女的敌意和苛求。老年服务从业人员要以尊重和欣赏的态度，慎聊闲话，忌传闲话，以免引起矛盾，要多肯定老年人过去的辉煌，告诉他们：“我很羡慕您，我希望到老了，也能像您一样，那样帅（漂亮），那样有朝气。”这种善意的语言会驱散阴霾，缓解老年人害怕衰老的压力。

3. 践善行

“勿以善小而不为，勿以恶小而为之”“善有善报，恶有恶报”等古人贤言，至今仍有其现实意义。老年服务从业人员的善行主要体现在与老年人相处的点点滴滴中，没有鲜花，更没有掌声，是在善心和善言基础之上的承诺兑现。

除上述三点以外，老年服务从业人员还应该从实际出发，从细微之处出发，大处着眼、小处着手，不仅重视“大节”，也要注重“小节”，只有如此，才能积善为德，提高自身的道德修养，才能成就事业。中山市华宇乐颐养院院长林森浩就是一个很好的例子。

林森浩是中山市华宇乐颐养院院长，澳大利亚籍华人，祖籍中山，曾被评为中山市“十大敬老之星”。林森浩先生致富后不忘回报社会，于 1999 年创办了华宇乐颐养院。投资 5000 万元人民币，在东区白沙湾建新颐养院。2004 年，华宇乐颐养院被评为全国民间组织先进单位。

林森浩先生同时创办了住院老人临终关怀区，提供 24 小时专业的抢救、护理服务，几百个老人在这里安详地走完人生旅程，为家属解决了很多后顾之忧。

三、老年服务从业人员道德养成重在“身体力行”

《礼记·中庸》说：“博学之，审问之，慎思之，明辨之，笃行之。”意即君子应广博地学习，审慎地问辨、思考，最后笃实践行。换言之，老年服务从业人员修身的目的不但是“学”或通过“学”而获得“知”，更重要的是“行”，即道德实践。

（一）“身体力行”是“知”和“行”的统一

“知”是指人的道德意识和思想意念，“行”是指人的道德践履和实际行动，“身体力行”就是亲自去实践道德意识，实质上是道德意识和道德实践统一，也就是“知”和“行”的统一。这就如同一个人知道“孝”的道理，但他不去做，我们不能判断这个人是否真的知道“孝”。知道“孝”，一定要在行动中体现出来，去问候父母，去侍奉父母，实在地尽孝，那么才可以说这个人是知道“孝”的。

“知”和“行”实际上是一件事情的两面，“知”和“行”本不可分，分开了就不是一个“知”和“行”完整的知识过程。“知”就是“行”的开端，“行”是“知”的完成。总而言之，“知”不仅只是在理论上有它的意义，还要还原到生活的现实当中，才能够真正体现出它的价值。

（二）“身体力行”的道德养成途径

前面章节提到过“自我反省”的道德养成方法，其实，“身体力行”和“自我反省”是主客观层面的不同的道德修养方式，却也是相辅相成的。对于“省”的结果，要“身体之、力行之”，注重思维方式的转变，做到从“要我做”到“我要做”转变；“力行”的结果是做到从“要做完”到“要做好”提升。要达到这一完美提升，需做到以下几点。

1. 胸怀信念，正确定位

信念就是坚定不移的想法，是强大的精神力量。坚定的信念，能使人精神振奋，突破重重困难，走向成功。没有信念就不会有意志，更不会有积极主动的行为。

学生进入学校后，就是“准职业人”，且很快就要步入职业的大门，应该对自己的未来有所预期。首先需要明确自己的理想和信念，确定自己的发展目标，未来想做什么，成为什么样的人，这样才能点燃激情，激发才智，鼓励奋发向上的斗志；其次根据自己的特质和优势，明确自己适合做什么，能干什么，对自己有一个准确的定位，这样才能理性地面对纷繁复杂的职场，体验到成功的快乐。

小贴士

信念无敌

一片茫茫无垠的沙漠，一支探险队在负重跋涉。阳光很强烈，干燥的风沙漫天飞舞。而口渴如焚的队员们没有了水。水是队员们穿越沙漠的信心和源泉，甚至是苦苦搜寻的求生目标。这时候，探险队的队长从腰间拿出一只水壶说："这里还有一壶水，但穿越沙漠前，谁也不能喝。"

——一壶水！

那水壶从队员们手里依次传递开来，沉沉的。一种充满生机的幸福和喜悦在每个队员濒临绝望的脸上弥漫开来。

终于，探险队员们一步步挣脱了死亡线，顽强地穿越了茫茫沙漠。他们相拥着为成功喜极而泣的时候，突然想到了那壶给了他们精神和信念以支撑的水。

打开壶盖，汩汩流出的却是满满一壶沙。在沙漠里，干枯的沙子有时可以是清冽的水——只要你的心里驻扎着清泉的信念。

在这个世界上，没有人能够使你倒下，如果你自己的信念还站立的话。

2. 虚心学习，积极探索

老年服务从业人员需要学习的内容很宽泛，在知识的储备上涵盖了护理学、医疗康复、社会学、心理学、管理学等领域。学生在校接受专业知识的学习时间有限，要真正学透、学懂，并能学以致用，专业的课堂学习是远远不够的，还要虚心向行业内的专业人士学习，甚至需要向经验丰富的老年朋友学习。只要是有利于工作良性开展的，都可以成为我们虚心学习的对象。与此同时，还要积极参加老年服务行业职业培训，促使知识最终转化为技能，并逐步强化技能，做到熟能生巧。

这里，我们鼓励学生通过参加职业培训的方式继续加强学习，也是顺应行业发展需求。因为"持证上岗"将是老年服务行业未来的一个趋势。在老年服务领域，专业化人员十分缺乏。全国养老护理人员潜在需求在 1 000 万人左右，但取得职业资格的仅有几万人。从整个老年服务行业的发展进程来看，该行业正在广泛建立养老服务培训基地，开展对养老服务管理人员、服务人员职业道德、专业知识和岗位技能培训工作，逐步拓展从业人员的知识面，提升其服务意识和服务档次。对于即将要迈入职场的老年服务专业的学生来说，职业培训无疑是除专业学习外又一难得的学习机会，也是为个人今后敲开职场大门，顺利走向岗位，为在服务岗位上施展一技之长储备能量。

小贴士

2015 年养老护理员全面实现持证上岗

据“中国之声”《新闻和报纸摘要》报道，我国已进入老龄社会，养老护理员不仅缺口极大，而且素质亟待提高。民政部通过彩票公益金等支持培训养老护理员，要求到 2015 年全面实现持证上岗。

目前，全国多个地方已经出台相关细则，全面推行养老护理员的职业培训。56 岁的张桂凤，是河南郑州晚晴老年公寓的一名养老护理员，经过民政部门的免费培训后，她收获的不仅是技术的进步，还有待遇上的提高：“培训以后，像急救，胃管脱落，协助排便，这些基本上都熟练了，以前是一片空白。我来时工资才 700 多块钱，现在就可能拿到每月 2000 块钱左右的工资。我也感到这个职业不是说的那么底层的，很自豪，有劲。”

针对养老护理员技术良莠不齐的现状，山东要求省、市、县分别负责定向培训高级、中级和初级养老护理员，河南省民政厅从 2011 年开始对所有在岗养老护理员进行免费培训，保证到“十二五”末期，持证上岗率达到 90%，接近 100%。

可见，老年服务从业人员学习专业技能的机会日益增多，学习的条件也日益完善，面对这样的机遇，我们只有不断增强求知的欲望，放低姿态，虚心学习，积极探索，在专业技能学习中内化行业道德准则，在服务实践中外显行业道德规范，从而满足老人不同的服务需求，提高服务水准，树立良好的职业形象。

3. 立足岗位，躬行实践

躬行实践是道德培养的重要方法之一。老年服务从业人员做到躬行实践就是要立足老年服务岗位，在服务中进行道德的自我锻炼和自我培养。其实践内容可涵盖老年护理、老年社会工作、老年康复、老年产品营销、老年服务一线管理等领域。学生毕业后无论从事哪一领域，都要从以下两方面做好充足的实战准备。

首先，积极参加老年服务志愿活动，提高职业道德水平。

现代社会意义上的养老不再仅仅停留于满足老年人的吃住，更要为老年人创造温馨、和谐、美好的生活环境。虽然城市老年人享有国家养老退休金及各种政府补贴，收入不低，但要长期享受或按需享受养老护理，费用也是难以承受的。有的低收入老年人除了生病外根本享受不到基本的护理服务。所以在老人无力支付养老服务支出，国家又无财力支持的情况下，很多老年人无法享受到全天候高质量的养老服务。在这种情况下，迫切需要引入一种新的既能服务周到又成本低廉的养老服务供给制度。

西方发达国家在应对人口老龄化的实践中，创造了志愿者服务的老年服务模式。它正以突出的社会效益成为每个文明社会不可缺少的一部分。我国老年服务行业正在引入这种志愿者服务模式，构建志愿服务体系。目前，志愿服务群体已涵盖中学生志愿者、大学生志愿者、社会志愿者和老年志愿者等。他们或是学习能力强、或是专业知识扎实、或是生活经验丰富，都各有特长，逐渐成为老年服务行业不可或缺的生力军。

重阳节期间，临江市兴隆街道正阳社区处处洋溢着浓浓的敬老、爱老的气氛。社区负责人带领志愿者们来到朱延昌老人家中，以陪老人聊天，打扫卫生等方式为老年人欢庆节日。

志愿者的到来，不仅让老人的家变亮了，也让老人感到了社会大家庭的温暖。朱延昌今年 74 岁，其老伴 73 岁。朱延昌患心脏病、白内障多年，视力不好，行动不方便，家中的卫生没人打理。正阳社区进户调查了解情况后，便组织社区志愿者，到其家中清理卫生。社区负责人还详细询问了老人的日常生活情况，表示以后有什么困难可以向社区反映，社区会尽力帮助协调解决。朱大爷高兴地说："以前我们在家遇到困难，找人帮忙也不方便。现在社区工作人员知道我们情况后，嘘寒问暖，志愿者们也上门帮忙，让我们这些空巢老人不再孤单，儿女们也能安心工作了。"

近年来，社区内的独居老人越来越多，由于身边无人照看，一旦出现意外，缺乏有效求救的途径。同时这些老人由于身体状况或情感缺失有很大精神压力，有时想找人听他们说话的心愿都无法得到满足……针对这些情况，社区除了做好广泛宣传，还积极组织志愿者，开展为独居老人服务活动，他们经常利用节假日等休息时间，与独居老人聊天谈心，为他们排除寂寞，使其获取精神慰藉。社区党委书记卞晶说，"赠人玫瑰，手有余香"。现在，越来越多人愿意加入到活动当中，社区志愿者的奉献、友爱、互助的服务精神，为需要帮助的老人们送去了关爱，向社会传递了正能量。

社区志愿者们纷纷说，每次的志愿活动他们都积极参加。希望通过他们的积极参与，让更多的人参与活动，弘扬中华民族尊老敬老的美德。

中华民族自古以来就有关爱老人、赡养老人的光荣传统，大部分人都愿意自觉地为老年人服务。从这个意义上来说，大家都有争当老年服务志愿者的积极性，如同奥运志愿者给我们带来的是一份荣誉感与满足感，老年服务志愿者能给人带来的则是助人为乐后由衷的幸福感与道德成就感。

其次，践行文明礼仪，提升职业道德境界。

礼仪是人们为表示尊重、友善等在语言、行为方面共同遵守的准则和规范，是一个人思想道德水平、文化修养和交际能力的外在体现。对老年服务从业人员来说，礼仪就是提升和完善个人伦理水平的基本途径，也是把老年服务的伦理价值转为身体力行的礼仪实践的重要载体。借助服务岗位平台，把兢兢业业、忠于职守、乐于奉献、全心全意、主动耐心的精神渗透到文明礼仪中，通过文明礼仪表现出大方、文雅、耐心、和蔼、热情、周到的服务态度和方式，最终满足老年朋友的服务需求，让老年朋友感受到热心和温馨的服务。

那么，如何践行文明礼仪呢？首先要以“尊重”为核心，将“老年朋友至上”作为服务的一项基本原则，采用律己敬人的方法表达对老年人足够的关注；其次要不断加强学习，把握老年服务礼仪的特点、技巧以及其独特性；最后要在日常生活中反复实践个人服务礼仪，如动人的微笑、优雅的体态、清新自然的职业妆容、得体的礼貌语言等，并且将个人的职业道德、工作态度、礼貌修养和心理素质等渗透到老年服务的整个过程中，尽量让老年朋友在服务过程中感受到宽松、幸福、和谐的氛围。

思考题

1. 结合自身的认识，谈一谈老年服务从业人员应该通过哪些途径来提高自身的道德素养。

2. 在老年服务实践中，如何才能做到“自我反省”“慎独”？

3. 你能举出你身边的道德模范吗？他们是如何践行道德伦理的？

4. “身体力行”对于一个即将踏入老年服务行业的从业者来说，有何意义？怎样才能做到“身体力行”呢？

5. 结合自身实际或身边案例，谈谈“积善成德”与个人素质养成之间的关系。

6. 你能做到“日行一善”吗？请为自己制订一项实施计划。

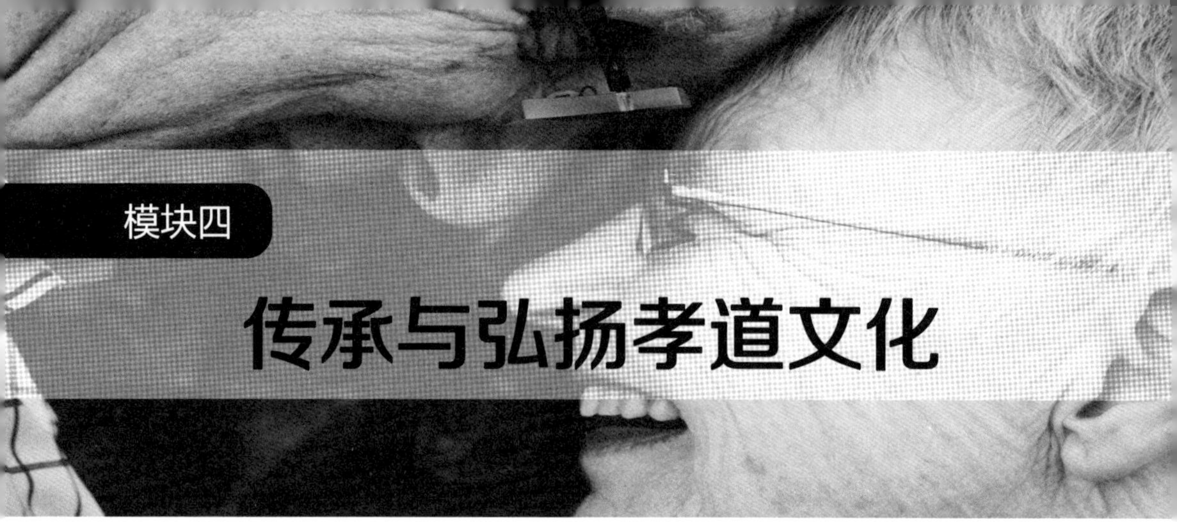

模块四

传承与弘扬孝道文化

学习目标

1. 能够了解传统孝道文化的发展过程。
2. 能够认知现代孝道文化的内容与特征。
3. 能够继承和弘扬现代孝道文化。

孝道文化源远流长，博大精深，是中华民族传统文化的重要组成部分。数千年来，孝道文化一直影响着整个中华民族，人们认为孝道是做人之本，是家庭和睦之本，是社会和谐之本，也是民族延续之本。随着社会文明的发展，孝道文化不断地被赋予新的内容而迸发生机。在促进社会和谐的今天，弘扬孝道文化，倡导孝亲敬老，对推进老年服务工作科学发展和加强社会主义精神文明建设具有重要的现实意义。因此，学习孝道文化，不但要充分了解它的历史发展过程，掌握孝道文化的内容与特点，更重要的是应在生活和工作中践行现代孝道文化。

任务一　了解孝道文化

孝道自古就是中华民族的传统美德，是人们所尊重、敬佩的品质，是中华民族共同的道德观。《尔雅》说“善事父母为孝”，指的就是子女对父母应尽的义务，包括尊敬、关爱、养老送终等，而“沉香劈山救母”“黄香扇枕温席”“花木兰代父从军”这样感人至深的故事，千百年来被人们传为佳话。

一、孝道文化的产生与发展

孝道文化在我国已有几千年的传承历史，经历了从古代孝道文化到现代孝道文化的演变过程。

（一）古代孝道文化的演变

殷商、西周是孝观念的初步形成和确立时期。殷人对祖先的祭祀体现了孝观念的最初萌芽。西周初年，孝敬父母已成为一种道德风尚，体现在社会生活的各个方面。每个社会成员都要恪守父子、长幼之道：在家孝顺父母，至亲至爱，在社会上尊老敬老。

春秋战国时期，在尊老敬老方面，已经形成了比较完整的思想体系、伦理道德观念和基本规范。《论语》《孝经》等书记载了孔子关于孝道的大量言论。如“夫孝，天之经也，地之义也，民之行也”“人之行，莫大于孝”“夫孝，德之本也”等。孔子认为，为人子女孝顺父母，是天经地义的法则，是人们应该身体力行的，而且孔子把孝与礼制结合起来，赋予孝道以政治功能，在此基础上，孟子、曾子等儒家大师构建了一个较为完备的孝道文化体系，《孝经》是先秦儒家孝道思想的总结之作。

小贴士

涌泉跃鲤

姜诗，东汉四川广汉人，娶庞氏为妻。夫妻对长辈非常孝顺，其家距长江六七里之遥，庞氏常到江边取婆婆喜喝的长江水。婆婆爱吃鱼，夫妻就常做鱼给她吃，婆婆不愿意独自吃，他们又请来邻居老婆婆一起吃。一次因风大，庞氏取水晚归，姜诗怀疑她怠慢母亲，将她逐出家门。庞氏寄居在邻居家中，昼夜辛勤纺纱织布，将积蓄所得托邻居送回家中孝敬婆婆。其后，婆婆知道了庞氏被逐之事，令姜诗将其请回。庞氏回家这天，院中忽然喷涌出泉水，口味与长江水相同，每天还有两条鲤鱼跃出。从此，庞氏便用这些鱼供奉婆婆，不必远走江边了。

西汉时期，“以孝治天下”是统治思想的重要组成部分，特别是在选拔官员时把“孝”作为一个基本标准，用是否有孝行来考察官员。董仲舒进一步提出了“君为臣纲，父为子纲，夫为妻纲”。至此，孝道被正式定为封建纲常，成为中国封建专制统治的思想基础。

汉魏隋唐时期，“以孝治天下”的孝治思想逐渐走向理论化、系统化。特别是唐玄宗曾亲自为《孝经》作注，更是彰显了统治阶级对孝道的重视。到了宋明时期，我国的儒学伦理得到了较大的发展，但其间宣扬的孝道有的偏离了儒家的基本原则，在历史上起到了较大的误导作用。到了康熙、乾隆等也极力提倡孝道，他们经常举行“千叟宴”，昭示其尊老敬贤的教化。宋明清时期，在传统孝道被封建帝王高度重视的背景下，孝道被推向极致，出现了许多违背基本人性的愚孝行为。对父母无条件地顺从成为孝道的基本要求，“天下无不是的父母，父有不慈而子不可以不孝”成为世人的普遍信念，“割肉疗亲”“埋儿葬母”就是这种愚孝发展到登峰造极的表现。孝道发展至此已偏离了传统儒家孝道思想的本意，也成为孝道文化为后世所诟病的最主要原因。

（二）现代孝道文化的建立

以毛泽东为代表的中国共产党人对传统孝道有了比较客观的认识。1959 年毛泽东回韶山为父母扫墓后说：“我们共产党人，是彻底的唯物主义者，不迷信什么鬼神，但生我者父母，教我者党、同志、教师、朋友也。我下次再回，还得去看他们两位。”毛泽东明确承认了子女对父母是应该恪尽孝道的，也说明了共产党人对于中国传统孝道这一伦理道德问题的唯物主义态度。

传统孝道强调的尊老敬老等精神，不管社会如何进步，社会文明如何发达，这种美德什么时候都不能丢。但在新时期，我们必须对传统孝道有所“扬弃”，摒弃传统孝道中消极、落后的东西，吸收其合理、进步的内容。现代孝道文化也正是在对传统孝道批判继承中形成的。

首先，对属于孝道中消极的部分应彻底摒弃。主要有两个方面：一是包办婚姻，娶妻生子，传宗接代，这是属于封建礼教，应该批判；二是忠孝相通，忠孝合一，移孝忠君，这完全是为地主阶级统治服务的，应该否定。其次，对于合情合理的成分应继承。这主要表现在两个方面：一是善待父母，赡养双亲；二是敬爱父母，敬爱长者。要求人们由敬爱自己的双亲推广到敬爱所有的老人和长者，这体现了中华民族扶困济危、尊老敬长的民族风格和人道主义精神，是封建孝道中积极进步的内容，有利于家庭和睦社会和谐，应该继承。最后，对精华与糟粕共存的部分，应取其精华、去其糟粕；如封建孝道提出顺乎亲意，服从长者，一方面宣扬“无违”之孝，要求子女对父母逆来顺受，绝对服从，这是糟粕。而另一方面，封建孝道又反对无条件地服从父母，认为父母不对时，子女应谏诤。我们对无违思想应坚决摒弃，而对谏诤思想则可以批判继承。

中国孝道文化自远古时期起源，经历了几千年的发展，虽然在迅速发展和兼收并蓄的现代社会中，孝道文化遭遇了困境，其理念形态也发生了改变，但我们不能够丢弃这一宝贵而独特的历史文化遗产，要以辩证的态度正确认识传统孝道文化理念，弘扬和吸收其合理内核，构建现代孝道文化。

二、现代孝道文化的内容与特征

孝道文化具有丰富的精神价值，它涵盖了几乎所有中国人的文化思想，敬老爱幼贯穿我们的生活之中，它是人类独有的文化理念。在新的时代条件下，现代孝道文化既汲取了传统文化的精华，又具有鲜明的时代特征。

（一）现代孝道文化的内容

1. 爱亲敬亲

孝道文化的核心内涵是家庭伦理，孝首先倡导的就是孝敬、奉养自己的父母。子女自降生之后，第一个接触的就是父母，也就形成了人世间第一个人际关系：父母与子女。父母生我养我，日夜操劳，为子女的成长耗尽心血，当他们年老体衰的时候，子女理应承担起赡养的责任，这是孝的最起码的要求。孔子曰：“今之孝者，是谓能养。至于犬马，皆能有养。不敬，何以别乎？”意思是说：现在所谓的孝，是指能够赡养父母。然而即使是狗与马，人也都能养它们，如果没有对父母一片尊敬之心，又在何处作区分呢？是的，不敬就是不孝。对父母的孝不能仅仅是物质上的奉养，更重要的是一种感恩之爱，使父母内心愉悦，即敬亲。汉文帝刘恒孝顺母亲故事就是很好的例子。

汉文帝亲尝汤药

汉文帝刘恒，以仁孝之名，闻于天下，侍奉母亲从不懈怠。母亲卧病三年，他常常目不交睫，衣不解带；母亲所服的汤药，他亲口尝过后才放心让母亲服用。他在位 24 年，重德治，兴礼仪，注意发展农业，使西汉社会稳定，人丁兴旺，经济得到恢复和发展，他与汉景帝的统治时期被誉为“文景之治”。

2. 珍爱生命

《孝经》曾说过：“身体发肤，受之父母，不敢毁伤，孝之始也。”每一个人都是父母所生，都是父母生命的延续，因而珍惜生命，是行孝尽孝的开始，是最基本的孝。

3. 父慈子孝

父母和子女是平等的亲情关系，而不是传统孝道文化中“君臣、父子”的关系。如果只是要求年轻一代单向地孝敬老年人，没有老年人对年轻一代的关爱和理解，要弘扬现代孝道文化将会失去社会基础。因此，父母要爱护子女，关怀子女的健康成长，子女要敬重父母，但不是盲目服从。孔子提出“事父母几谏”，认为对父亲的不义行为必须要进行劝止，这样才能使他不做违礼的不义的事情；如果儿子盲目服从父亲，就是不孝之子。当然这种劝阻是耐心说服。可以说，父慈子孝是相辅相成、相互联系、不可分割的，它是建立平等关系的现代孝道文化的内在要求，也是解决代际矛盾，促进代际和谐的黏合剂。

4. 慈老爱幼

在中国文化中，孝可以说是一切道德的基础，是行善的起点，一切道德教育都是从孝道开始，教育百姓相亲相爱最好就是从行孝开始。孟子把孝作了进一步的发挥，把最初产生和存在于家庭中的孝敬父母之心推广到他人和整个社会。所谓“老吾老以及人之老；幼吾幼以及人之幼”，就是要求人们从关爱自己的父母、儿女出发，推及关爱别人的父母、儿女，再到关爱天下的老人、孩子。宋、明时期，理学家们对孔孟的孝道观作了进一步发挥，从而形成了天人合一的博爱思想。从孝敬父母，到对所有长辈老人及天地间一切生命毫无例外地都加以珍惜的道德观念，表现出中国人和谐万物的爱心和博大情怀。

5. 承志立身

《礼记·中庸》有言：“夫孝者，善继人之志，善述人之事者也。”也就是说，在父母去世以后，要继承他们的遗志，完成他们未完成的功业。子承父志，替父亲达成未竟的心愿，这是很重要的孝行。陆游在《示儿》一诗中写道：“王师北定中原日，家祭无忘告乃翁。”其中暗含着希望自己的后人，能够继承自己盼望国家统一的理想。从做晚辈的角度讲，继承这种志向，并为之努力是向父母尽孝，同时也是为国家尽义务的表现。这是对父母最大的孝行，也是孝的最高要求、最高境界。

（二）现代孝道文化的特征

现代社会的孝道观念适应于现代社会需要，并能反映现代社会新型亲子关系。总体而言，现代孝道体现出以下四个方面的特性。

1. 法治化

现代社会家庭的亲子关系已经不是封建社会那种家庭等级森严、子女必须绝对服从家长，却频频出现不尽人子之责、对年老力衰的父母不赡养的状况。因此，《中华人民共和国宪法》明确规定：“父母有抚养教育未成年子女的义务，成年子女有赡养扶助父母的义务。”在法律规定和社会道德的约束下，现代孝道体现子女对父母的义务，特别注重在孝上形成自觉，使对父母行孝成为子女发自内心的自觉行动。

2. 平等性

在现代社会中，家庭成员在法律上人格平等，在生活中和睦相处，形成互爱互助互养、互相尊重的新型关系。父母承认子女独立自主、自尊的人格，同时子女也了解父母整体的心境而给予父母以物质和精神的依傍。父母子女的良好关系必须是双向的、并行的，互爱互重，子女对父母的“孝”与父母对子女的“慈”是并重的。

3. 及时性

传统孝道提倡祭祀祖先，后来演变为人死后大兴土木，对过世长者风光大葬，以为这就是对死者的孝敬。实际上，孝敬老年人，关键是在生前的厚养，这是真孝。否则，当“子欲养而亲不待”时，会留下终生遗憾。

4. 社会性

现代孝道在当今社会已不是家庭狭义的孝而是逐步转为面对社会的广义的孝。作为一种责任的“孝道”并非专属于子女，该“尽孝”的还有政府以及其他社会成员。对于子女而言，对父母尽孝首先是一种伦理责任。对于政府而言，对老人“尽孝”则首先是一种政治责任。政府最主要的“尽孝”行为是提供覆盖面广泛的养老保障体系。对社会其他成员而言，对老人“尽孝”是一种社会责任。社会成员要为老人营造良好的社会氛围。

任务二 践行孝道文化

一首歌曲《常回家看看》红遍中华大地。千里奔丧，一个“奔”字，道出了游子几多心急火燎的悲伤之情。孝道是古今社会永恒的主题，弘扬孝道文化具有重要的现实意义。

一、孝道文化在现代社会的困境

伴随着社会经济的快速发展，人们的生活节奏不断加快，工作日益繁忙，越来越多的子女们在追逐名利、地位、财富的过程中忽略了对父母养老需求的满足，孝道意识正逐渐淡薄，传统美德正日益失落。在物欲横流和个人主义思潮冲击下，社会道德风气正在恶化并有加速的趋势。老人们不得不面对路边摔倒时“扶不起”的无助，公交车上“争座位”的尴尬，白发苍苍“被啃老”的无奈，儿孙满堂“无人问”的心酸。社会上存在着种种不孝的劣行，主要表现为以下三个方面。

（一）有老不养

所谓“积谷防饥，养儿防老”，向父母提供经济帮助和生活照料，是孝道最基本的内容，也是为人子女最基本的义务。然而，当今社会出现了许多明显的孝道缺失现象。有些子女认为父母是累赘，是家庭的负担，不给父母最基本的生活保证金，甚至虐待父母，使父母晚年生活没有保障。据全国人大代表翟玉和 2006 年组织的关于中国农村养老现状的调查显示，10 401 名调查对象中与儿女分居的比例是 45.3%；三餐不保的占 5%；93%的老人一年添不上一件新衣；85%的老人自己干农活；7%的老人自己干家务活。这引起了我们对养老问题的高度关注。

（二）有老不尊

现代社会的信息化和多元化加重了代际冲突，影响了两代人之间正常的感情沟通。加之当代年轻人的自我意识不断增强，他们渴望自由与独立，十分迫切地想要摆脱父母的束缚，这使得子女与父母之间的冲突更加尖锐。当他们在生活中与父母意见相左时，有些人不能与父母有效沟通，大声顶撞，大打出手，甚至出现弑父弑母这种骇人听闻的事情。比如南京一个 13 岁少年要钱上网不成持锤杀母的新闻，不能不让我们痛惜和深思。

有些年轻人认为自己的父母过时老套，不尊敬父母的生活和情感，面对父母的嘘寒问暖，表现出不耐烦和嘲笑；有些子女不顾家庭经济现状，盲目攀比，讲究名牌和排场，认为花父母的钱就是天经地义，安心地“啃老”，拿父母的血汗钱去满足自己的虚荣心，无视父母的期待，对工作和学习放松懈怠，整天吃喝玩乐，虚度时光；有些人认为给予父母物质上的奉养就是在尽孝，并不关心父母的日常生活和身体情况，不经常回家看望父母，陪伴父母，忽视与父母的情感交流，没有给予父母精神上的陪伴与慰藉。

（三）自伤弃老

为人子女者应该珍爱自己的身体和生命，不做令父母为自己伤心难过的事情。“身也者，父母之遗体也。行父母之遗体，敢不敬乎？”它告诉我们说，我们的生命是父母赋予我们的最大的财富，我们尊重自己的身体，就是敬畏生命，孝敬父母。现代社会的快速发展和激烈竞争，给人们带来了许多无形的压力，当面对生活、工作、情感等挫折时，有些人没有选择积极地面对和寻找正确的解决方式，而是采取一些伤害身体的做法来进行宣泄，甚至采取极端的方式结束自己的生命。这是对生命的亵渎，也是对父母的不负责，给父母带来了极大的痛苦，这是孝道意识缺乏的一种表现。国内的一些学者曾经对大学生自杀的观念进行过调查，结果表明，大学生有自杀观念或绝望感的发生率为8.89%～18.53%，这说明进行孝道教育的必要。

二、继承和弘扬孝道文化

孝道文化是保证家庭和睦的良药，是构建和谐社会的根基。孝道不仅是一种人伦道德，而且是一种社会行为，是一种责任。因此，我们在生活和工作中，要“学孝”“行孝”“扬孝”，树立正确的孝道观，感恩养亲，倡导孝德，传承孝道。

（一）在家孝敬父母

“鸦有反哺之恩，羊有跪乳之德。”尊重长辈孝敬父母是中华民族的传统美德，没有孝心的子女不是好子女。亲情是一个人善心、爱心和良心的综合表现。孝敬父母，尊敬长辈，是做人的本分，是天经地义的美德，也是各种品德形成的前提，历来受到人们的称赞。从孝道的内涵看，孝敬父母应包括关爱、养亲和敬亲。

1. 关爱

一个人来到世上，第一声啼哭，第一次微笑以及人生中所迈出的每一步，都闪现了父母的慰藉和希望。父母的欢乐与悲哀、痛苦与幸福，都与孩子紧密相连。人类最早的道德意识，最初的伦理关系，最美好的道德情感，都是首先从父母与子女之间孕育、形成、发展和扩大的。因此，爱父母就意味着对自己真心本源的关切。这是人的本性使然，也是良知、良心的表现。

树高千尺，而不忘根。我们长大的同时，父母也在渐渐老去。父母看着我们长大，自己却越来越孤单。身为子女，必须时刻记得对父母的关爱，体会父母之心，用合适的方式去关爱父母。

小贴士

关爱父母要做的 45 件事

回家给父母洗一次脚
母亲过生日时，送她一张卡片
母亲节，送妈妈一束康乃馨
父亲节，送父亲一份小礼物
给妈妈一个吻
给爸爸一个拥抱
敬爸爸一杯酒
带父母去做一次全身检查
给蹒跚的父母准备一支拐杖
给父母买件时尚鲜艳的衣服
学一种乐器，为父母弹奏一曲
帮母亲改正一种习惯
和父亲做一次心灵的沟通
绝对不要说伤害父母的话
帮父母完成一件心愿
天凉了，告诉父母添件衣服
和父母来一次浪漫的约会
读一篇让你更能理解父母的文章
回老家和父母一起过个年
细细品尝父母烧的饭菜
轻轻揽住母亲的肩头
照顾父母生活中的小细节
坐一次飞机，看一次大海
陪父母吃一次团圆之后的剩饭菜
教父母接触一些新的事物
抛却俗务，陪父母聊聊天
给母亲买一双鞋子
和父母再同睡一张床
握一握母亲的手
陪妈妈慢慢吃一顿饭
和父母翻看小时候的相册
把脆弱的母亲拥抱在怀
回家陪父母小住，共享天伦之乐
给父母多拍一些照片

对父母说：我爱你！
不要让父母吃过期食物
说个善意的谎言，不让父母失望
尽己所能亲手侍奉父母
帮妈妈找回一个梦想
关心父母的精神生活
经常给父母打个电话
常回家看看父母
反省自己的过错，找机会向父母道歉
在你生日那天，给母亲写封信
感恩节，向父母说声谢谢

2. 养亲

“孝”最基本和核心的涵义就是“事亲”，不仅要在物质上奉养父母，而且也要在精神上尊敬父母。能做到这样，年老的父母就不会因为衰老而没有生活的保障，他们的心灵就不会孤独和空虚。在现代社会中，物质生活已经不是家庭养老面对的主要问题，基本能做到衣食无忧，但是现实中却经常出现不赡养老人的案例，匪夷所思，难以理解。

4个儿子、16套房，竟无人赡养八旬老父

一个月来，81岁的崔师傅感到极度的无助和悲凉，目前他租住在城西西窑头村，左邻右舍没人知道，他有4个儿子，而4个儿子又在拆迁过程中各分得4套房。对于崔师傅的赡养问题，4个儿子各有说法，4个儿子都有“委屈”。

老人拨打老大、老三、老四的手机，询问目前问题如何解决，老大、老三均未置可否，而老四则直接称“你活该”。“老二去了四川，电话不通”，老人无奈地说。

“我们曾进行过多次调解，但这家的4个儿子实在让人气愤。”崔师傅家所在村子的一名负责人谈及此事也难抑情绪。村委会曾在分配房子和发放补偿款之前要求崔师傅4个儿子妥善解决老人赡养问题，被告知已安排妥当，“可谁知道房一分、钱一发，他们就变卦了。”这位负责人表示，崔师傅户口不在村内，目前村委会也无可奈何。

“子女赡养老人不仅是道德问题，更是法定义务。”赡养，是指子女对父母

的供养，在物质上和经济上为父母提供必要的生活条件。我国多个法律规定了子女对老人的赡养义务。《中华人民共和国宪法》(以下简称《宪法》)规定，成年子女有赡养扶助父母的义务。《中华人民共和国婚姻法》(以下简称《婚姻法》)规定，父母对子女有抚养教育的义务，子女对父母有赡养扶助的义务。

在这个案例中，不赡养父母是要受到法律的严惩和道德批判。2013 年 7 月 1 日，“常回家看看”被写入《中华人民共和国老年人权益保障法》(以下简称《老年人权益保障法》)，这是我国法律对赡养老人的更具体的规定。《老年人权益保障法》规定，赡养人（子女）需履行对老年人经济上供养、生活上照顾和精神上慰藉的义务，照顾老年人的特殊需要。完整的赡养义务包括物质供养、精神慰藉、生活照料三个方面。该法规定，赡养人（子女）应当妥善安排老年人的住房，不得强迫老年人居住低劣的房屋；老年人应当有自己的生活空间，子女或者其他亲属不得侵占，不得擅自改变产权关系和影响老年人的日常生活；与老年人分开居住的家庭成员，应当经常看望或者关心老年人；赡养人（子女）不得以放弃继承权或者其他理由，拒绝履行赡养义务；经老年人同意，赡养人之间可以就履行赡养义务签订协议，赡养协议的内容不得违反法律的规定和老年人的意愿。同时，《中华人民共和国刑法》(以下简称《刑法》)中还对遗弃罪作出明确规定：对于年老、年幼、患病或者其他没有独立生活能力的人，负有扶养义务而拒绝扶养，情节恶劣的，处五年以下有期徒刑、拘役或者管制。

3. 敬亲

现代社会的“敬亲”就是要尊重父母，关心其精神文化生活的需要，理解他们的心理和情感需求，尊重他们的经验、意见和建议，给予父母充分的爱和情感支持，使老人在精神生活层面上能够体会到子女的一片孝心。而不要用自己的行为模式来衡量老年人的行为举止，动不动就责怪老人：“你为什么不能和别的老人一样？”例如：在 2014 年西安发生的第一起“常回家看看”案，就说明了不理解尊重老人，给老人和家庭都带来了原本不该出现的麻烦。

老人再婚引发的诉讼

2014 年 7 月 4 日，80 多岁的张大爷来到西安蓝田县法院，把 3 个儿子和两个女儿起诉到了法院，希望儿女们能尽到赡养和探望义务。在法院走访中发现，老人需要的并不是赡养费，而是子女面对老父亲再婚，并且去了对方家生活的情况不仅从心理上接受不了，也心疼父亲的生活水平下降了，于是双方发生了矛盾，子女拒绝去看望父亲。

看到矛盾集中在儿女们对父亲再婚的理解上，法院没有简单地进行判决，而是把双方叫到一起进行了调解，7 月 23 日张大爷撤诉。

西安蓝田县法院鹿塬法庭副庭长赵京进说："在这个案子中，张大爷有退休金，在物质方面，他的儿女也愿意照顾张大爷，起诉的目的就是需要更多精神方面的慰藉，希望他儿女在探望他的时候，不要过多干涉他现在的生活，认可他现在的家。"

老人们幸福的晚年生活不仅取决于物质生活上的丰富，还有赖于精神生活的富足。现代社会的老人与旧时相比，其需求不尽相同。古时老人更需要子女的经济支持和生活照料，而现代老人的经济能力增强了，可以从社会购买服务来料理生活，对子女的需求更多是精神层面的。这种来自儿女交流的亲情体贴，可以使父母获得精神上的慰藉，这是单纯的生活物质供给所不能替代的。

（二）工作中以孝为先

孝道文化的魅力要用行动去展现。作为一名老年服务从业人员，在工作中践行现代孝道文化，需要注意以下几个方面。

1. 立德修身，提高行孝的自觉性

当今竞争激烈的社会大环境，对个人综合素质提出了更高的要求，而综合素质的提高必须通过不断加强道德修养来实现。常言道"先做人，后做事"，说明了品德是人的立身之本，是决定人生事业成败的关键。成功者之所以成功，在于做人的成功；失败者之所以失败，在于做人的失败。因此，立德修身是实现价值理想的自我需要。修身以孝德为根本，以温良恭俭让为原则，以自省慎独为方法，以忘我无私为衡度。

立德修身最重要的特点就是自觉。外界环境再好，社会孝道氛围再浓，若个人不能自觉主动地行孝，或者自己不孝敬父母，尊敬长辈，不但没有自责感，反而心安理得，在这种情况下谈什么道德都是没有基础的，也是不可能实现的。因此，老年服务从业人员需要用"内省"的方法进行道德的自我培养与成长。在完成一项老年服务工作后，要总结一下，看看自己是否已经在工作中履行了相应的道德义务，要反思一下有没有违反了老年服务从业人员的职业道德。正如一位被评为“全国十大孝星”的福利院院长所言，内省就像天天洗脸一样，不断清除自己身上的各种灰尘，培养自己高尚的道德品质，几十年如一日，从不间断。这种对工作负责，对服务对象满腔热情，是值得老年服务从业人员学习的。

2. 倡孝扬善，充分了解老年人的真实需要

由于生活水平的提高与医学水平的进步，老年人的生理机能已有显著改变；由于社会价值观的改变与教育水准的提升，老年人的生活价值观也有很大的变化；由于经济发展与社会保障制度的充实，老年人的经济能力也已有较大改善。这些因素都使得现代老年人的生活需求呈现多样化的趋势。因此，做好老年服务工作，首先要充分知晓老年人的需求。

根据马斯洛的需要层次理论，老年人同样有不同层次的需求：从较低层次的生理需求来看：老年人在饮食方面，较注重保健，讲究食物的营养搭配和饮食禁忌；在服饰方面，追求与自己年龄相符的、轻便、保暖、透气和适用的服装。从安全需求来看：老年人的安全需求集中在就医、居住和出行三个方面。老年人最害怕生病，一怕身体痛，二怕没钱医，三怕没人照看，因此老年人更需要健全的医疗和社会保障体系。从较高层次的归属与爱的需求来看：老年人首先需求的是能享受家庭的温暖，能与子女共享天伦之乐；其次，老年人需要参与社会活动的机会，渴望与他人接触和交流，以排解生活中的寂寞；对于一些丧偶老人，他们还有对爱情的需求，他们希望能有一个伴侣相濡以沫，共度余生。从自尊的需求来看：老年人进入老年期之后特别爱面子，即更需要他人的尊重。从最高层次需求的自我实现的需求来看：“夕阳无限好，不怕近黄昏。”许多老年人退休后认为身体不错，想实现一些未了的心愿，以完善自我。显然，老年人这些不同层次的需求需要我们以不同的服务方式予以满足。

3. 知礼行孝，践行现代孝道文化

作为一名老年服务从业人员，践行现代孝道文化需要身体力行。“行”是道德修养的关键，通过“行孝”，使孝道观念得到加强，行孝意志得到磨炼，行孝习惯得以养成。

在日常工作中，从大处着眼，从小事做起。一杯水、一碗饭，点点滴滴见真情；一件衣、一床被，丝丝缕缕连爱心；言辞温婉，仁慈服务，彰显“仁

心、仁德、仁术”；细心护理，彰显“放心、舒心、安心”；全面服务，彰显“人性化、专业化、亲情化、家庭化”；协作服务，彰显“人道、博爱、奉献”。通过系统化的服务模式，使老人“老有所养、病有所医、情有所寄、心有所安”。

安徽亳州就有这样一位优秀老年服务从业人员，在工作中力行孝道，是我们学习的榜样。

在旧城镇一提起王朝礼的名字，可谓无人不晓。作为韩庄敬老院养老护理员，他不但以办事干练利落获得了公众的一致好评，而且以对孤寡老人的呵护备至而感动一方。用敬老院老人的话说：“我们大多都没有子女，无人照顾，在最需要关怀的时候，王朝礼给了我们贴心的温暖。他不是我们的亲人，胜似我们的亲人，我们一刻也离不开他。”

刚到敬老院，摆在王朝礼面前的景象是衣冠不整的老人，其中还有聋、哑人员。面对这一现状，他没有气馁，从打扫院内卫生、照顾老人衣食起居一些最简单工作入手，迈出了他的养老护理生涯的第一步。

敬老院老人的日常吃住穿戴费用由财政拨款解决，王朝礼觉得，适当的义务劳动不但可以锻炼老人的身体，而且可以尽量减少财政负担。于是，他在做好养老护理工作的同时，带领有意愿、有能力的老人养猪、养鸡、种菜，把收入所得全部用来改善老人们的生活。每逢节日，都要杀猪、做菜，让老人们过一个丰盛的节日。不但如此，他还坚持每天为老人们播放戏曲和电视节目，丰富老人们的文化生活。

有人曾这样对王朝礼说：“凭你的能力和本事，在哪儿混不下口饭吃。”老王回答说：“党员以为人民服务为天职，关爱老人，建设和谐社会是我应尽的责任。”的确，王朝礼是这么说的，也是这样做的。他对他的事业倾注了全部真情，他用他的坚持实现了建设和谐敬老院的梦想。

因此，孝顺老人、关心老人，是老年服务从业人员的天职，也是义不容辞的责任。

（三）尽社会之孝

尽社会之孝，即践行“大孝”。是指打破孝行实践在空间上的束缚，从孝敬自己的父母，即尽“一家之孝”转变为“老吾老，以及人之老”的面向全社会的开放性的大孝行为，像孝敬自己家的父母老人一样尊敬全社会的老人，在全社会营造一个尊老、敬老、孝老、爱老的温馨和谐的环境氛围，从而为构建和谐社会贡献自己的一份力量。因此，现代孝道文化强调人们以尽孝为起点，培养关心他人、关心社会的胸怀和情怀。传统社会中那种邻里守望相助的局面发生了很大改变，变成了“陌生人社会”，在这种新形势下，我们可以合理借鉴和弘扬传统社会中由近及远、由己及人的“大孝”精神。有了这样一种精神，我们就能够处理好自己与家人、社会、民族、国家的关系，关爱他人、服务社会，在关键时刻为国家和民族利益挺身而出、尽责尽力。

“百行德为首，百善孝为先”，在现代社会，越来越多的人加入了敬老尊老的行列里，公交车上主动为老人让座，过马路时热情搀扶老人，多少人舍小家顾大家，忍辱负重，倾囊相助，为社会孤寡困难的老人排忧解难、料理生活。人们以自己的实际行动诠释着孝道文化，用人间大爱谱写了一曲曲美丽壮歌，用孝道树立了一座座爱的丰碑。

“公司为职工父母设立基金的事，我还没告诉爸妈呢！我想到年底，等公司领导上门送这笔钱时，给他们一个大大的惊喜。”4 月 27 日上午，在湖州现代纺织机械有限公司上班的施国荣开心地对记者说，现在他每个月从工资里拿出 50 元，公司补贴 50 元，以每月 100 元的额度存入公司设立的孝心基金。到过年时，这笔钱将由公司领导送到他在练市农村老家的父母手中。一想到服务了一辈子农业的父母拿到这笔钱时开心的样子，老施就忍不住笑出声来。

现代纺织机械有限公司的工会主席俞根芳告诉记者，“孝心基金”是今年公司参与职工孝心建设的一项新举措，公司牵头，采取职工出多少、企业就补多少，共同设立基金账户的方式，由至少一方父母健在的职工自愿选择参加。目前已推出一个月，从老总到员工共有 47 人参加，只有两位职工因为去别处工作，没有参加这项活动。今年 51 岁的老唐说，虽然自己的父母都有养老金，父亲还是离休干部，但他们听到儿子在湖州工作有这么一项基金后很开心，觉得特别温暖。

正在湖州现代纺织机械有限公司进行技术指导的意大利专家 Tironi 听说该公司建立了“孝心基金”时，也是羡慕不已：“如果能在这儿呆满 12 个月，我也愿意参加。”“‘孝心基金’的设想，是之前看到农村一些老人在拿到政府发放的养老金时非常开心，而深受启发。”吴兴区总工会相关负责人介绍说，现在，企业职工老家在农村的比较多，于是他们便通过乡镇工会动员企业建立这种职工和企业共同承担的“孝心基金”。金钱不是尽孝的唯一标准，“孝心基金”的模式是将个人之孝提升到社会之孝，让孝道像空气一样时刻伴随我们，在全社会形成合唱。

自从人类进入文明时代开始，无论哪个时代，哪种社会制度，哪个民族或阶级阶层，都具有孝道观念。孝敬父母、尊敬兄长、父慈子孝、兄弟友爱、家庭和睦，是被人们普遍认可的。正是由于孝道的重要价值，我们看到：有了"新二十四孝"的可亲、可敬、可学；有了孝道红黑榜的"一票否决"；有了写入孝道的村规民约；有了尊老志愿服务的"私人定制"；有了孝心儿女的"群众海选"；有了"教爸妈用微信"的网络热传……因此，我们要在建设和谐社会的引领下，把握孝道文化的精髓，在日常生活和工作中积极理解并践行孝道文化，善于利用和创新孝道文化，以新时代的孝道文化提升个人职业综合素养，推进和谐家庭的建设，以现代孝道助力我国老年服务事业。

思考题

1. 孝道文化发展过程有哪些？
2. 孝道文化的内容包括哪几方面？
3. 孝敬父母包含哪几方面？
4. 请阅读材料，思考并回答问题。

2001 年中共中央印发了《公民道德建设实施纲要》，对我国的公民道德建设进行了全面部署。弘扬孝亲尊老文化是社会主义公民道德建设的组成部分。人性的教育与陶冶，依赖于良好的道德自修和道德教育，而孝亲尊老教育应该是一切道德教育之基础。

问题：

（1）《公民道德建设实施纲要》的发布，是对现代孝道文化的提倡和发扬，那么践行孝道文化有什么样的意义呢？

（2）你认为在工作中，应当如何践行现代孝道文化呢？

下　篇

老年服务礼仪

模块五

老年服务礼仪培养的意义

学习目标

1. 能够了解老年服务礼仪的概念。
2. 能够掌握老年服务礼仪培养的途径。
3. 能够认知老年服务礼仪培养的意义。

案例导入

凤翔中学“中学生行为礼仪规范”中对上课的行为要求有如下几点。

1. 预备铃声响后，立即回教室就座，准备好本节课的学习资料和用具，静候上课。

2. 老师进入教室，师生行礼。迟到者要在门口喊“报告”，待老师允许后方能就座。

3. 坐姿端正，集中精力，注意听讲，遵守课堂常规，不玩东西，不说闲话，不看课外书籍。

4. 独立思考，认真记笔记，积极主动参与教学活动，遇到问题举手示意，得到老师允许后起立提问，使用普通话。

5. 自习课要准时到教室，保持安静，不离座，不随便出入，认真独立学习。

6. 不到下课时间不提前离开教室、实验室、微机室（体育课未到下课时间不得离开操场）。

（摘自凤翔中学官方网站）

问题讨论

1. 你认为学生当中存在哪些不文明的行为？
2. 为什么要在学生中提倡遵守文明礼仪规范？
3. 怎样才能养成文明礼仪习惯？

任务一　认知老年服务礼仪的原则

一、礼仪的概念及缘起

（一）礼仪的概念

我国是历史悠久的文明古国，几千年来创造了灿烂的礼仪文化，形成了高尚的道德准则、完整的礼仪规范，被世人称为“文明古国，礼仪之邦”。那么“礼仪”一词从何而来？最初的解释是什么呢？

东汉许慎著《说文解字》，是中国第一部按部首编排的字典，也是世界上最早的字典之一。《说文解字》中说“礼”，“豊，履也。所以事神致福也。从示从豊，豊亦声，灵启切”。“履”为“践行”，钟鼓之声大作，大家在一个号令之下，对祖先神、天地神顶礼膜拜。即礼的最初意义是祈福的行为。由于祈福频繁，产生了一系列与祈福有关的字。“禧，礼吉也；禛，以真受福也；禄，福也；祯，祥也；祥，福也；祉，福也；祐，助也；福，佑也；祗，敬也；禔，安福也；祕，神也。”为了达到祈福的美好愿望，祭祀礼仪应运而生，对祭祀人的穿着、祭祀的供品、祭祀的时令等都有一定的要求。礼有着各种繁复的规定，是当时风俗习惯的凝练和模式化。

我们再看看《说文解字》对“仪”的解释。《说文解字》说：“仪，度也。”本意指法度、准则、典范，一般指形象的善。《说文解字注》的作者段玉裁认为，“仪”是“义”的后起字，先有“义”，后来随着时代的发展，语言的表现力不够了，于是就增加了一个单立人，有了“仪”这个字。“义”和“仪”这两个字是古今字的关系，“义”是古字，“仪”是今字。“仪”作为“义”的后起字，它的意义指向十分清楚而单一，即仪容风度，也就是具体的礼节、礼仪和仪式。比如古人见面要鞠躬、点头，也包括衣着的讲究、辞令的尊卑等。

可见，中国古代的“礼”和“仪”，实际是不同的概念。“礼”是制度、规则和一种社会意识观念；“仪”是“礼”的具体表现形式，它是依据“礼”的规定和内容，形成的一套系统而完整的程序。

那么，“礼”和“仪”什么时候连起来使用的呢？据考证，“礼仪”连属成词也很早，早在先秦典籍中就已广泛使用。礼仪一词最早出自《诗经》。《诗经·小雅·楚辞》：“献醻交错，礼仪卒度。”《周礼·春官·肆师》：“凡国之大事，治其礼仪，以佐宗伯。”《史记·礼书》：“至秦有天下，悉内六国礼仪，采择其善。”《北齐书·皇甫和传》：“及长，深沉有雅量，尤明礼仪。”致福曰礼，成义曰仪。

可见，礼仪的含义不仅在古代不完全相同，现在的解释也不尽相同，但在很多方面还是共通的：礼仪是社会活动和人际交往的规范、准则、方式、形式或程序，是在社会交往过程中约定俗成的结果，具有指导和协调人际关系的作用。

我们也简单介绍一下西方礼仪一词的含义。英文“Etiquette”是从法文“Étiquette”演变而来，“Etiquette”的原意是“法庭上的通行证”，后期就逐渐演变为“人际交往的通行证”。这个词包含三层含义：谦恭有礼的言谈举止；教养和规矩；礼仪、典礼、习俗。

综合而言，礼仪即礼节与仪式，是人们为了表示尊重和友善的言语和行为等方面共同遵守的准则和规范。从个人修养的角度来看，礼仪可以说是一个人内在修养和素质的外在表现。对一个社会来说，礼仪是一个国家社会文明程度、道德风尚和生活习惯的反映。

那么，什么是老年服务礼仪呢？老年服务礼仪是指老年服务从业人员，在从事老年服务工作中为表达对服务对象的关注与尊重而采取的律己敬人的方式与方法，是老年服务伦理的外在表现形式。

老年服务礼仪有四个基本特征。

一是规范性。老年服务礼仪既有内在的道德准则，又有外在的行为尺度，对老年服务从业人员的言行举止具有普遍的规范、约束作用。遵循老年服务礼仪规范，就会得到服务对象的许可、得到社会的嘉许；违反老年服务礼仪规范，就会招致服务对象的反感、受到社会的批评。所谓有“礼”走遍天下，无“礼”寸步难行。老年服务从业人员只有遵循老年服务的行为准则或规范，才能提高服务质量，也才能在老年服务这一光荣的岗位上实现自身的价值。

二是继承性。中国是具有“礼仪之邦”之称的泱泱大国，具有尊老敬老的优良传统，相关的礼仪文化自然也源远流长。中华礼仪不一而足，但众多礼仪中，“尊老敬贤”是一条贯穿其中的最动人心魄的礼仪链条。孟子说：“养老尊贤，俊杰在位，则有庆。”古代这种传统礼仪，对于形成和谐的人际关系以及有序的伦理关系都起着重要作用。老年服务礼仪的形成是一个扬弃传统礼仪的过程，这个过程抛弃了那些愚昧的、落后的封建礼仪规范，继承了那些反映劳动人民精神风貌、代表劳动人民道德水平和气质修养的健康高尚的礼仪。

三是差异性。不同的地域、不同的民族有不同的敬老的传统习俗，这些不同也反映在老年服务的职业中。

四是发展性。时代在发展，礼仪文化也不是一成不变的，老年服务礼仪随着社会的进步而不断发展。一方面，老年服务礼仪随时代的不断进步而发生着变化。如电视点歌为老年人贺寿，就是时代进步而产生的新的礼仪形式。另一方面，随着国家对外交往的不断扩大，一些国家尊老敬老的礼仪也传入我国，逐渐地与我国传统的礼仪结合起来，形成了新的礼仪形式，例如我国境内的一些老年服务机构要求护理人员提供对老年人的“蹲式”服务，这也是受到日本的文明礼仪的影响。

礼仪规范的这种发展性总是与时代精神密切地结合在一起。礼仪文化的发展总是受时代发展变化的推动，时代不前进，礼仪文化的内容自然也不会得到很好地发展。时代性与发展性和继承性都是相辅相成的。总而言之，随着时代不断进步，人类的礼仪规范必将更为文明、优雅、实用。

（二）礼仪的缘起

礼仪作为人际交往的重要的行为规范，它不是随意凭空臆造的，也不是可有可无的。对于礼仪的起源，研究者们有各种的观点，主要有礼仪起源于祭祀说、礼仪起源于风俗习惯说、礼仪起源于货物交换行为等。但是无论何种观点，学者们达成共识的是，“周礼”和儒家的思想是我国礼仪形成的重要渊源。了解它们，有利于认识礼仪的本质，自觉地按照礼仪规范的要求进行社交活动。

1.“周公制礼作乐”

周公，姓姬名旦，是周文王第四子，武王的弟弟，曾两次辅佐周武王东伐纣王，并制作礼乐。周公是西周初期杰出的政治家、军事家、思想家、教育家，被尊为“元圣”和儒学先驱。《尚书·大传》中对周公一生的功绩概括为："一年救乱，二年克殷，三年践奄，四年建侯卫，五年营成周，六年制礼乐，七年致政成王。"

"制礼作乐"是周公的一大功绩，是周公对中国文化的莫大贡献。近代著名历史学家夏曾佑说："孔子之前，黄帝之后，于中国大有关系者，周公一人而已。"何谓"礼""乐"？简而言之，周公所制定的礼，是维护统治者等级制度的政治准则、道德规范和各项典章制度的总称，后来发展为区分贵贱尊卑的等级教条。周公所制定的乐，则是配合贵族进行礼仪活动而制作的舞乐。

周公制礼作乐，借鉴于夏商二代，有所选择，有所发展，把夏、商、周三代礼乐文化推向了发展顶峰。西周开国之初，国力很弱，特别是与商朝相比。但是因为周文王懂得用"德"来收揽人心，周边的许多小国都愿意归附它。希望跟随它去跟商王朝作最后的决战。经过"牧野之战"，商朝像纸糊的房子说倒就倒了。但接下来，要实现国家的长治久安，就成了周公和他的王朝要解决的问题。"人无于水鉴，当于民鉴"，不要拿水当镜子，要把老百姓的反映当成检验统治者为政得失的一面镜子。为了保证这一目标的实现，周公制定了一整套的礼乐制度。孔子曾由衷地赞叹："周监于二代，郁郁乎文哉，吾从周。"礼乐文化是中国五千年文化史上出现的第一个完备的文化形态，而周公是礼乐文化的最重要的创造者。礼乐文化直接孕育了儒家文化，儒家文化则于西汉武帝时代一跃成为中国文化的主流。所以我们说中国是一个礼仪之邦，而这个礼仪之邦就是从周公开始的。

2. 儒家的"礼乐教化"

如果我们把上下五千年中国文化史分成前后两个阶段（每个阶段各有两千多年），则可以说，周公是前一个两千多年间礼乐教化的代表人物，孔子是后一个两千多年间儒家文化的代表人物。那么，儒家为什么提倡礼乐教化呢？

小贴士

"郭店楚简"

1995 年，湖北荆门郭店出土了一批战国时期楚国的儒家文献，文献是写在竹签上的，"郭店楚简"由此而来。

"郭店楚简"里有很多内容帮助我们理解儒家的礼乐教化之道。例如：《史记 · 秦本纪》中记录了孔子的孙子子思的关于事物特点和规律认识的重要思想。秦人的祖先叫造父，非常善于养马，为什么能养得很好呢？“马之道也”。一个叫后稷的人，种地种得非常好，为什么呢？“地之道也”。“马之道”“地之道”，这些东西都是自然赋予它们的一些规律、一些特点，这种东西你没法抛弃它，你只能顺从它。人之道就是人性。统治者一定要尊重、要顺从人的这种“性”，“己所不欲勿施于人”。

要通过教育来修正人性。儒家认为，作为具有动物属性的人也有自身的特点有弱点，就算是圣人也不可能一出生就不偏不倚；任何一个人也不可能一辈子做到不出差错。这就要通过“教”来修正人性，沿着人的特点去治理民众，要对人的行为加以限制，不能任由人为所欲为，做到“乐而不淫，哀而不伤”“不偏不倚”“无过无不及”。这也就是治民之道。

教育要有手段。儒家认为这个手段就是“礼”和“乐”。“礼”就是用来规范人的行为的。古代人父母去世后要穿孝服，以此体现内心的悲伤之情；但又不能过度悲伤，要节哀。人的情感要节制，不能大喜大悲。这才是一个有教养的人。而“乐”是音乐，是表达人类情感的方式之一。用今天的话讲，人既然是有感情的动物，就要选择对人、对社会、对人的教化用益处的东西给大众，这种东西就是好的歌曲，就是“乐”。人在听好的歌曲的时候，就像口中含了蜜糖，不知不觉就被融化了。喜闻乐见、易于接受、沁人心脾且感人也深。这就是“乐”的独特的教化作用。

“内外兼修”，是儒家的主张。儒家的礼乐教化也是有分工的。礼是内，乐是外。礼规范人的外在的言谈举止，乐提升人的内在的德性。“礼乐教化”就是“寓教于礼”，把教育隐含在具体的礼仪形式中。礼乐教化是实现儒家文化理想的重要途径，意义还在于移风易俗，维护社会秩序的稳定、人群之和谐。尽管历史上对儒家“礼乐教化”的批判和推崇总是交相而生，近代以来，礼教更是成为声讨封建文化传统的首当其冲的目标。但毋庸置疑的是，“礼乐教化”对形成中华民族独特的文化传统，起到了积极的无可替代的作用。

二、老年服务礼仪的原则

（一）敬

老年服务所有的礼仪，都包含有敬的原则。“礼者，敬而已也”“勿不敬”“礼主敬”等，都是许多前贤对礼的精神的概括。儒家的代表人物孟子说过：“恭敬之心，人皆有之。”“恭敬之心，礼也。”中国古代的种种礼节，也都是对敬的体现。人与人之间都要敬，百姓对贵族要敬，反之亦然。

学习老年服务礼仪，要把握“敬”的原则。如前所述，老年服务礼仪分为几大类。但是不管如何划分，都是对敬的原则的体现。比如在为老年人提供服务的时候，一定要选择合适的敬语称呼老年人；当给老年人带来不便甚至打扰了老年人时，要及时表达歉意；当老年人心情不佳时，我们要主动安慰他们。老年人有尊严，在礼仪中体现敬的原则，目的也是使我们的服务对象有尊严地生活。

我们对老人的尊敬，应当从自己的家里做起，从对自己的父母、祖父母、外祖父母以及其他一切与自己居住生活在一起的长辈的尊敬开始做起。我们能够来到人间，并且长大成人，首功当推自己的生身父母。离开他们的无私奉献，一切都难以想象。因此，孝敬自己的父母以及为我们的健康成长同样作出过巨大贡献的祖父母、外祖父母等长辈，是我们义不容辞的责任。平时，在社交场合遇见任何老年人，我们都要首先向其施礼问安。与老年人谈话，要以“您”相称，不要出口成“脏”，不要以“年轻”为资本而在“年老”者面前盛气凌人，耀武扬威。上下公共汽车、火车、客轮或电梯的时候，对老年人要礼让三先。遇上个别行动迟缓的老年人，应当主动搀扶相助。为没有座位的老年人让座也是理所当然的。与老年人发生了冲突摩擦，应当退避三舍，并且要多找自己的不对之处。对极个别记忆力减退、身患病症的老年人，我们应该多多体谅。

学生在学校的学习阶段对老师的敬，不仅是自身躬行礼仪的一个重要途径，也是在实践中理解、把握敬的原则的重要方式，更是老年服务专业素养的重要内容。当老师对你进行个别指导时，你跟老师的距离不能太远，也不要紧紧挨着；上课无论提问题还是回答问题都要举手起立，得到允许方可进行；老师宣布下课，学生要等老师离开教室后再离开等。这些都是学生对老师的起码的礼节，这就是敬的体现。

（二）净

净就是干净清洁。我国传统礼仪中，往往是通过“净”来体现尊敬之意。敬神要讲净，祭祖要讲净；对活着的人要讲净，对故去的人也要讲净。这就是净的要求。

从事老年服务工作，礼仪很多，净是其中一个重要的原则。无论是老人公共活动区域，还是私人活动居住场所，都要经常打扫和消毒；老年人的身体和衣服也要保持清洁卫生；老年人生活中使用的器具也需要保持干净；服务人员的着装要干净整洁；服务人员的面部和肢体裸露部分也应该时刻保持干净。

遗憾的是，校园中我们经常会发现身边的一些不文明的现象。一些学生宿舍里垃圾遍地，一些教室里用过的纸杯和纸巾随处可见。在老年服务机构中，一些工作人员似乎语言的文明掌握了，但是要么他（她）的手上涂着指甲油，要么他（她）的耳朵上戴着刺眼的耳钉，要么一头油污和发屑。遗憾的是，有的老年服务机构无论是环境还是服务人员给予人们的感觉实在不能用“净”来形容，地板似乎擦得很干净，但是室内弥漫着令人不舒服的气味；服务人员着装上的油污隐约可见，餐厅苍蝇飞来飞去。可见，真正把礼仪的原则体现出来并非易事。

（三）静

静是安静、沉静。古人讲“静”。《大学》开卷就说：止于至善，是人生追求的目标；知道止于至善的人，志就有定向，心就会宁静，随处可安，思虑精详，就能得其所止。这样读起来似乎有些抽象，其实古人说的道理就是一个修养很好的人，身上必有“静气”，神定气闲，沉静从容。正如《礼记》所说，各种问题，没有经过深思熟虑，就不轻易说话； 一旦说话，也是语调平静，绝不大声嚷嚷。古代有教养的人，“城不上呼”，就是不在城头上万众瞩目的地方大声呼喊，不要让别人受惊；古代有教养的人，亦不“越路与人言”，即不隔着马路与熟人打招呼，令路边其他的人不舒服；古代有教养的人，“食不语，寝不言”，吃饭和睡觉都保持安静。

在为老服务的工作中，很多的服务礼仪都是与“静”的原则相一致的。一家养老机构，其地址的选择，就把环境是否安静作为一个重要的因素，即使是在喧闹拥挤的城市，安静的环境也是老年人或者他们的家属选择是否入住的一个重要条件。在老年服务机构，无论是护理人员还是其他岗位的工作人员，工作的时间不能大声喧哗；与老年人交流一些信息时，既要考虑一些老年人听力的退化，但是语调不能过高、过尖，以免对老年人造成刺激；老年人爱唠叨，服务人员要静静地倾听，必要的时候要巧妙地进行话题的转移，但绝不要粗暴地打断老人的话题；在服务的工作岗位上，在与领导、同事以及服务对象的关系上，难免发生一些误解，自己受到一些委屈的时候，不能失去理性地大声争辩，要心平气和地说明事实，以期对方的理解；无论是对老年人还是自己的朋友、同事，要守口如瓶，为他人保守秘密，不在背后议论他人的隐私，这也是一种“静”。

小贴士

"有一种尊重叫守口如瓶"

曾有一个人去某跨国企业应聘，来求职的人很多。面试一轮之后，进入笔试环节。这些题对他来说都不难，他快速写着，却被最后一题难住了。题目是这样的："请写下你之前所任职公司的秘密，越多越好。"他看看周围，发现其他的人都在奋笔疾书。他想了想，拿着试卷走到考官面前说："对不起，这道题我不能答，即使是我的前公司，我也有义务保守秘密。"说完，他就离开了考场。第二天，他收到这个企业的录用通知书，老板在通知书的末尾写道："有良好职业操守，懂得保守秘密的人，正是我们需要的。"（来源：凤凰网）

学习老年服务专业的学生、有志于从事老年服务工作的年轻人，在各种"躁动"的环境中，应注重修炼自己，多一些"静气"。在与他人共同生活的环境中，说话做事，不能仅按照自己的习惯进行，还要考虑他人的需求。因为人的爱好、人的习惯、人的职业均不相同，顾及别人的感受，与他人互相尊重，才是一个真正懂得礼仪的人。

（四）雅

雅，在这里指的就是文雅、优雅。言谈举止有教养、讲究礼仪的就是文雅、优雅的人。

我国古代在言谈举止方面有很多提倡的礼仪。例如关于就餐，《礼记》中就讲：吃饭时不可抟饭成大团，大口大口地吃，这样有争饱之嫌；要入口的饭，不能再放回饭器中，别人会感到不卫生；不要长饮大嚼，让人觉得是想快吃多吃，好像没够似的；咀嚼时不要让舌在口中作出响声，主人会觉得你是对他的饭食表现不满意；不要专意去啃骨头，这样容易发出不中听的声响，使人有不雅不敬的感觉；自己吃过的鱼肉，不要再放回去，应当接着吃完等。对于如何对待长者，也有不少论述。年轻人在老师、长辈、首长面前，不要心不在焉，一会儿干这，一会儿干那；没有吩咐你，就不应自己去弹琴或手在地面上乱画，或做些要手指、剪指甲、挥扇子之类的事。回答问题之时应该站起来；要注意仪表与表情，要态度端正；回答问题不要人云亦云如应声虫一般，应积极配合、独立思考；不要对方问话还没有说完就抢着回答；向先生请教，也应站起来说，以示尊重。

为老年人服务，作为外化的言谈举止的礼节，一言以蔽之，需要体现“雅”的原则。如肢体语言的“雅”：站立是老年服务工作中一种最基本的举止，无论是工作中的迎来送往，还是与老年人、与同事的交流，抑或是提拉物品，作为静态的造型动作，有具体的要求和禁忌，笼而统之就是体现一个原则：优雅。正确的坐姿有多种类型，入座后也有很多注意事项，简而化之体现的也是一个原则：优雅。行姿是向服务对象以及同事传递信息的重要形式，并在无形之中感染周围人的情绪，但是不管你拥有多么专业的技能，穿着多么职业的装束，如果没有优雅的行姿，都无法给他人留下良好的印象。蹲姿是作为老年人服务中常用的姿势，在对工作岗位进行收拾、清理时，拿取低处物品时，拾起落在地上的东西时以及为老年人提供其他服务时，如果采用正确的蹲姿，就可以避免产生弯曲上身和撅起臀部的不雅情形。

年轻人在言谈举止礼仪的修炼过程中，要时时处处把“雅”牢记在心上。在日常的学习、生活中做文雅之人。现实中，确实不少人有“言谈举止不雅，不伤大局”的看法，甚至有人以生活中粗俗为美。有志于从事老年服务的年轻人，不仅不应受这种粗俗文化的影响，而且要主动自觉接受高雅文化的熏陶，用雅的原则来提示、衡量自己的言行，做高雅之人，行高雅之事。

任务二　认知培养老年服务礼仪的意义

一、显示应有的教养

（一）教养的概念

教养是文化和品德的修养，是表现在行为方式中的道德修养状况，是指言语动作谦恭的表现，是社会影响、家庭教育、学校教育、个人修养的结果，尤指在家庭中从小养成的行为的道德标准。

小贴士

中外名家对“教养”的诠释

苏联著名教育实践家和教育理论家苏霍姆林斯基说，在人类心灵的花园中，最质朴、最美丽和最平凡的花朵是人的教养。

18 世纪末政治家、思想家勃客曾写过这样的话："教养比法律还重要，它们依着自己的性能，或推动道德，或促成道德，或完全毁灭道德。"

林则徐曾经在《观操守》中说过："观操守在利害时，观精力在饥疲时，观度量在喜怒时，观存养在纷华时。"

"教养"，中国古时《三字经》就提到了，指的是人从小就应该习得的一种规矩，待人接物处事时的一种敬重态度，特别指出，人若没有教养，便是家长老师的失职。

"教养"，在西方文化中写作"manner"，指的是礼貌、规矩、态度、风度、生活方式、习惯等。

（二）教养是礼仪的基础

提到教养，人们会不自觉地想到一句老话：站有站相，坐有坐相。这里讲的是教养的表象。教养是"心之礼仪"，"以仁爱之心为根本"。教养的根本是尊重，既尊重他人，也尊重自己。对待他人要谨言慎行。以职业为例，我们每个人所从事的职业只有分工的不同，没有高低贵贱之别。从这个意义上说，我们没有理由也没有资格用不屑一顾的态度去轻视他人、嘲笑他人。尊重自己的人格，做到自律、自爱、自立、自强。诚信是教养之实，教养是"心之礼仪"，这是其一。其二是诚信是"礼仪之实"。诚实意味着真诚，守信反映一个人的信誉度。其三，教养是"心之礼仪"，也是指宽容是"教养之难"。宽容是指胸怀宽广，容忍不计较之意。它是人类所有美德中最难达到的，也是人类在不断完善自身修养中所追求的较高目标。其四，教养是"心之礼仪"，也指负责是"教养之果"。负责是指做人要有责任心，它是个人对自己和他人、对家庭和集体、对国家和社会所负责任的认识、情感和信念以及与之相应的遵守规范、承担责任和履行义务的自觉态度。其五，礼貌是教养的外在表现形式之一，礼貌具体内容包括整洁、安静、得体的穿着配饰、言谈举止、行为习惯以及所提供的环境场景。其六，教养是"心之礼仪"还指感恩是"教养之灵"。对别人所给予的帮助表示感激，对他人帮助的回报，一种对生命的高尚的尊重，是一种人类的高贵情感。

可见，教养是礼仪的基础。上述六种美德无一不以仁爱之心为根本，在后天教育培养中初具雏形，在社会实践中得以完善和巩固。没有教养的人即便注意外在言行也只是道貌岸然的虚伪作态。

（三）教养的外在表现就是礼仪

教养的养成需要注意外在的细节。教养体现于细节，细节展示素质。一个人的一言一行有时就代表一个家庭、一个班级、一个工作单位的形象；就老年服务机构而言，每一位员工的行为表现就是一个机构的活体广告。

著名画家陈丹青说：所谓教养就是细节。他列举了 9 个生活中展示个人教养的礼仪行为。

（1）别人给你倒水时，不要干看着，要用手扶扶，以示礼貌。

（2）别人对你说话，你起码要能接话，不能人家说了上句，你没了下句，或者一味地说着“啊啊啊”“是是是”。

（3）有人盯着你看的时候不要直视对方，也不要假装没注意到。

（4）吃完饭退席时说：“我吃完了，你们慢用。”

（5）给人递水递饭一定是双手。

（6）坐椅子不要翘起来。

（7）吃饭要端碗，不要在盘子里挑拣，不要拿筷子敲碗。

（8）最后一个进门要记得随手关门。

（9）送人走要说：“慢走。”

我们平时待人接物，不注意细节，往往暴露出来的就是缺乏教养。因此，要想做个有教养的人就不能忽视生活中的细节，教养是通过日常细节养成的。教养不是天生的，而是后天养成的。一个小孩子如果没有人教给他良好的习惯和有关的知识，他必定是愚昧和粗浅的。美国某儿童教育网站总结发表了 25 条注意事项，并认为只要孩子在 9 岁前学会这些礼貌语言和行为，他们就会成为人见人爱的模范孩子。眼下国人也流行“餐桌教育法”“棍棒教育法”“胎教教育法”“男穷养女富养”等教育法。很显然，这些方法已经不适用于年轻人，但年轻人教养的养成也要讲究具体方法。一个学生、一个年轻人如果不在自己的日常生活中学习良好的习惯和有关的知识，他也成为不了一个有教养的人。学习者重视对“教”的吸纳，包括入学经师、包括家长的言传身教，也包括主动、积极地应对环境。当然，这个“教”是广义的，除了入学经师外，也包括家长的言传身教和环境的耳濡目染。

教养的养成也不是一蹴而就的，是一个细水长流的无止境的过程。那些拥有良好教养的人必定是受到了家庭的长期熏陶。但是，教养也是可以遗失的，童年时养成的教养也有可能在青少年时遗失掉。没有的把它补上，遗失的把它拾回来。年轻人不仅要把教养活在自己的皮肤上，更要繁衍在自己的骨髓里，在潜移默化和条件反射的共同烘烤下，假以足够的时日，通过礼仪自然而然地散发出应有的香气。

二、成功和魅力从礼仪教养开始

有这样一个真实的故事：一家大型企业进行招聘，当笔试完成后，单位的总经理亲自在他的办公室对这批应聘的大学生进行面试。过程中，总经理突然接到一个电话，因此，总经理与这批大学生打了个招呼，请这些大学生稍等片刻，随即外出。等到总经理走了数分钟后，这批大学生耐不住寂寞了，纷纷立起身来，在总经理的办公室走来走去、翻看总经理办公桌上的文件、书橱的书籍，甚至观看总经理喝的什么茶、抽的什么烟。没有一个闲着。15 分钟以后，总经理回到了办公室，与这群大学生说，对不起，你们的应聘结束了。遗憾的是，没有一个学生符合我们的要求。学生们不服气，非得要求总经理指出他们的不是。总经理播放了他离开 15 分钟的监控录像，学生傻眼了。

礼仪教养是年轻人呈给社会的一张名片。随着社会文明发展的程度，小小的名片在人们之间的信息传递中，扮演着一个不可或缺的角色，体现着一个人的品质。正如一位名人所说的："在现代生活中，一个没有名片的人，或是不会正确使用名片的人，就是一个缺乏现代意识的人。"从年轻人的行为举止中，可以看出他是否有教养；一个有教养的年轻人，自身就散发出魅力，成功就在向他招手！

（一）礼仪教养可以增强年轻人的魅力指数

魅力既包括面容、身材体形、皮肤、化妆、服装等外在因素，也包括风度气质、待人接物的行为态度和方式等内在要素。在日常生活中、工作岗位上、社交场合里以及约会、旅行时，品位出众、举止修饰特别、注重礼仪完美的人往往是最引人注目的。年轻人的每一次装束、一举一动、一颦一笑，都会给人以愉悦的享受。你可以品味、欣赏，并成为这样的人。有志于从事老年服务行业的年轻人，习得这样的魅力，会对自己的事业、人生和交往产生极大的影响。

（二）礼仪教养能为生活和事业打造更多和谐、愉快、成功的人际沟通能力

现代生活中，每个人都需要学会处理各种公共关系或人际关系。礼仪素养是最起码的教养，对人际沟通而言更是最基本的技术手段或要素。

小贴士

宅人靠网络独处更自由

2014 年，百度发布了一份《“90 后”洞察报告》。根据百度贴吧调查，“90 后”给自己贴的标签就是“宅”。宅，是一种不出家门、喜爱独处的生活态度。宅生活之所以愈发普遍，与互联网的快速发展不无关系。据百度统计，“90 后”作为“互联网原住民”，平均网龄有 7.53 年，日均上网时长高达 11.45 小时。

对年轻人而言，在职业发展的轨迹中，无论是与同龄人还是与年长的人，处理好关系才有助于自己的进步、有助于自己事业的发展。年轻人每天接受的是最新鲜、最前卫的话题，而对职场前辈来说，工作、家庭才是他们生活的主要内容。不同年龄段的特点，特别需要有良好的人际交流的技巧。年轻人不能习惯于独处状态，不能依赖个人空间，要学会和别人沟通。不然久而久之便成了职场里的边缘人。年轻人在人际交往中，讲礼仪、懂礼貌、知礼节才能在尊重对方的基础上，得到别人对你的尊重和友好，才能在人际间形成和谐、良好、积极向上的人际关系氛围。

（三）礼仪教养可以增强自信

自信是一种反映个体对自己是否有能力成功地完成某项活动的信任程度的心理特性；是一种积极、有效地表达自我价值、自我尊重、自我理解的意识特征和心理状态，也称为信心。自信心的个体差异不同程度地影响着学习、竞赛、就业、成就等多方面的个体心理和行为。例如，有的年轻人因为经常通过网络与人沟通交流，双方看不到对方的眼神、动作，只是思维和键盘的交流，在现实生活中就显得很腼腆，和人讲话甚至会脸红；有些年轻人与人交流时显得眼神冷漠。时间久了，对自己的自信心是一个挫伤，以至于碰到不熟悉的人或者陌生人时就选择逃避。这就是社交恐惧倾向。如果熟悉掌握了各种礼仪，懂得有礼有节地待人接物，就不会害怕与人打交道。

（四）礼仪教养可以避免素质竞争中的“一票否决”

曾有一名女生因穿着超短裙参加招聘面试惨败而归。主考官这样评价她：如果她有职业水准的话，就不会那样做。有些公司虽然未必要求职员在工作时穿得非常正式，但在面试时通常希望求职者展现出较为正式的职业面貌。一位公司总裁曾说：“我希望看到对方比较认真付出的努力，因为那是一种针对工作的负责态度。如果有人申请我公司的职位，却不屑于在第一次表现出他们最好的一面，那么他们肯定不会在任职期间做到最好。”面试是年轻人展示自己竞争实力最重要的平台，在面试有限的时间里把握每一个细微的言行，展现出最好的一面，才能为面试赢得成功的机会。

美国职业学家罗尔斯说：“求职成功是一门高深的学问。”心理学家奥里欧文说：“大多数人录用的是有礼节的人，而不是最能干的人。”

礼仪水平，不仅反映出大学生的人品和修养，而且直接影响他人的评价。在面试中，一个仪表出众、懂得礼仪的大学生，更能得心应手，也较别人有更大的成功机会；在生活方面，道理亦然。

任务三　认知老年服务礼仪培养的途径

一、掌握规范

（一）老年服务礼仪规范是伦理的外化形式

老年服务礼仪是一门艺术，研究的是老年服务从业人员在工作中如何依据一定的行为准则，正确施展和发挥因人而异的个人技巧，是老年服务行为准则的外化。

就老年服务行业而言，一个机构的形象会通过三种方式表现出来：产品形象、员工形象和机构环境形象。机构的形象对内具有增强凝聚力、对外有增加吸引力的巨大功能。在这里，我们不妨了解一下 CIS 理论，即企业形象可识别理论。维护企业形象的三要素——理念、行为、视觉。视觉识别，就是眼能看到的。员工的穿着打扮、言谈举止、待人接物，一目了然。

以老年服务机构为例。工作人员对入住老年人及其家属的迎来送往、对老年人的动作表情以及说话的节奏语调等，服务对象是可以感受到的，也就是说，从业人员的一言一行都通过工作中的外在行为举止表现出来。

每一个机构的从业人员是机构最重要的因素和资源。一个员工在对外交往中的仪容仪表、言谈举止不仅仅表现出自己个人的气质和风度，同时也代表了机构形象；一个服务人员在对机构内老年人服务技能中展现出来的礼仪，不仅仅表现出他自己的理念和意识，同时也体现了机构的服务质量。所以，老年服务从业人员的礼仪形象是每一个机构理念和精神最重要的体现。

（二）要掌握老年服务礼仪规范

1. 要有规范意识

规范意识，就是对规范的理解以及在理解规范后所表现出来的一个人的自觉行为。学习好老年服务礼仪，就要掌握老年服务礼仪的规范是什么、有多重要。一般来讲学习者意识有多强，学习就会有多少回报。特别是在学校学习阶段，年轻人很多是按照自己的习惯去表达自己的思想、传递自己信息的，如果不注意掌握老年服务礼仪的规范就不能使自己的行为有正确的依据，就会偏离学习的目标。要意识到老年服务的礼仪规范是人类社会优良文化的结晶，是老年服务行业实践中长期积累的财富，其正在成为老年服务行业从业人员共同遵守的尺度。不守规范就不会有良好的服务形象；不守规范，就不会成为一个合格的人才。

2. 要掌握一些重要的规则

老年服务是一种特殊的服务活动，这种服务活动要求从业人员不仅要对自己的职业真诚地热爱和投入，也要重视对那些经过长期实践检验的卓有成效的礼仪规则的学习和把握。这些重要的规则主要涉及以下几个方面：仪容、穿着、服饰、 举止、语言。这些方面的规则是老年服务从业人员日常工作中所接触到的。要掌握每一种规则的基本要求，针对服务对象的老年人具有的针对性的要求。仅以语言规范为例：年轻人无论是在工作场合还是生活交际空间，使用流行语是再正常不过的，但是当我们面对服务对象老年人时，却要尽量不用或者少用流行语。使用平实生活化的语言，是老年服务从业人员在工作中礼仪的重要规则之一。

（三）由模仿到熟练自如

人的认识从幼儿开始就是靠模仿学来的，模仿的过程也是一个学习的过程。我们小时候学说话是向爸爸、妈妈及周围的人学习，向周围的人模仿。学习老年服务礼仪要通过积极地模仿。老年服务礼仪是一项职业技能，而模仿是形成动作技能的前提。学生在学习的过程中，要注意认真观察教师的示范动作，认真听取教师恰当、明确的言语解释；或通过观赏教师提供的电影或电视片，模仿礼仪动作。学生要珍惜课堂上的技能动作的模仿，这在学生动作技能形成中具有导向的功能，能引导学生进行规范性的礼仪动作。教师以教学片示范动作或范例虽然少但却精，富有魅力和启发性，能使学生理解动作要领。

学生不仅能模仿，重要的是要善于模仿。在模仿中应该能正确判断动作的优劣，说明什么样的礼仪动作是美的，能够更好地传递对老年人的尊重，什么样的动作是不规范的，会引起老年人的厌恶。对自己的礼仪动作加以自我说明，就能取得良好的模仿效果。

熟练自如的礼仪表现才具有美感的要素，而要做到这一点就要加强练习。练习的功夫在课下。有了模仿的基础，学生就有了礼仪动作赖以形成的基本条件。但是，仅仅模仿还不能巩固动作技能，不能自如地表现适宜的礼仪动作。要做到这一点，就要通过课下的反复练习。要积极主动练习，想方设法提高练习效果。在遇到困难的情况下，能发挥意志力，排除干扰、克服困难，直至达到预定的练习目的。

二、重在人格培养

（一）人格的重要

《左传》中记载了这样一个故事：鲁昭公到晋国访问，在漫长而复杂的仪式中鲁昭公应对自如，完全没有错误，赢得了许多人的赞叹。但是，晋国的贤哲却说：鲁昭公昏庸无道，内心完全没有恭敬之心，他所行的是徒具形式的“仪”，根本就不是“礼”！这个记载给人们这样一个启示：失去道德和品性引领的行为，样子做得再好看，也不过是“作秀”，于人、于己、于社会都没有益处。这个记载给学习者这样的启示：学习老年服务礼仪，不能仅仅重视礼仪动作的技巧上，不能把兴奋点集中在如何揣摩服务对象的心思，如何通过“作秀”来取悦于对方。礼仪表现在人的身上有两种情况：一种是徒具外表的彬彬有礼，其内心如何不得而知；另一种是发自内心的道德修养，处处中规中矩的礼仪。老年服务礼仪的学习就是要达到后一种境界。

自然，学生礼仪的学习要掌握好规范、规则，一些动作是有其基本标准的。但是，如果学习中只注重这些形式的掌握，而忽视自己人格的完善，人就成了机器人了。这里讲的人格，就是人的道德素养，内心要具有鲜明的德性。辉动于内的德，是言谈举止处处合于礼的原动力。打个比方，微笑是老年服务从业人员向服务对象表达尊重、亲切、友善、快乐的情绪，使服务者的需求得到最大满足的一种“特殊的语言”，但是微笑要发自内心。在学习中，人们要了解微笑应该露出几个牙齿抑或是应该眯着眼，我们也不否认，这样严格的动作规则、尺度对于培训礼仪人员非常必要，但是，对于老年服务从业人员来讲，学习的关键是面对服务对象由内而外地发出微笑，是以诚信为基础，将微笑运用于服务中，将微笑贯穿于每一个服务环节，而不能将微笑表面化、工具化。

（二）老年服务礼仪传递的是情感

马戏团的驯兽师，训练一只老虎或狮子跳过熊熊的“火圈”，只听“啪”的一声鞭响，老虎或狮子跳过“火圈”，然后给吃的。用这种办法，训练野兽遵守“规矩”。可是消防队员，不仅不怕火，还要在熊熊大火中背着沉重的灭火装备，冲入火海救人。

动物对火的躲避是一种本能，但消防队员救火是对被救者的一种责任和爱。在老年服务过程中，需要礼仪表达的技巧，更需要情感的投入。

三、在互动中培养

（一）与师长互动

学生的主要任务是学习，由此就产生了与师长之间的关系。在与师长相处中学习礼仪，就成为学生礼仪培养的重要途径。

小贴士

上课“起立”，下课“再见”

在很多学校里，有这样的规定：老师上课前，班长要喊：“起立”，同学们要全体起立，并齐声喊“老师好！”，下课时喊“老师再见！”。但是在现实中，一些班级并没有这样做；一些班级开始还做几次，后来就停止了；一些班级虽然一直坚持在做，但学生并非出于对老师的尊敬，而是应付。

对礼仪的学习，主要应该利用好几个与教师互动的环节。首先是课堂上。上课前和下课前就是训练礼仪的机会。古人就认为：教师的职业首先是“传道”，学生向教师行礼问好，是对“道”的尊重，更是对教师这个职业的尊重，是对文明的尊重。基于这种认识的前提而行礼，既加深了对礼仪规范的理解，又通过每一节课的操作去学习如何适度地表达对老师的尊敬。长此以往，十分有助于学习者良好习惯的形成。其次，学生与教师间的互动不仅仅在课堂上，很多时候还在课下、课外。例如，在校园里学生经常可能遇到老师，可能是给你上过课的，也可能是没有给你上过课的。你该如何做？是主动迎上前去，保持合适的空间距离，对老师行礼？还是假装没看见？甚至远远看到老师走过来，即转换路线、躲避而行？自然，前者的表达是得体的。学生把上课前、下课前对老师的行礼作为“规定动作”而执行，但对于课外与教师相遇如何表达尊敬这种“自选动作”却不好意思，甚至不以为然。

总之，师生之礼，是学生对自己进行礼仪培养的中心环节。一个学生在长期的学习时空中，如果把师生之礼贯穿始终，天长日久，就会在培养自己的礼仪人格上受益。学生在校园里对教师的礼仪，不是约束了自己的行为，使自己变得“不自由”，而是培养了自己的礼仪人格和礼仪的行为习惯，使自己成为明礼、守礼、有礼的人。

（二）与老年人互动

学生在与家中长辈的互动中学习礼仪。家庭具有教育的功能，是学生受教育的根本场所。古今中外的研究表明，影响青少年价值观最深的是家庭。学生首先是从家庭的生活中，从父母和其他家庭成员的言谈举止中学到知识，得到经验和受到教育的。学生与老人之间的交流语言的形成、行为的养成等，都是在家庭的潜移默化下发展起来的。所以说家庭的耳濡目染对于学生学习与老年人相处的礼仪是很重要的，这一系列影响会在学生身上留下深刻的痕迹。其次更为重要的，是学生有意识、有目的地在与家中老人的互动中学习礼仪。在实际生活中，人们耳闻目睹的往往是这样一种形象，父母在“爱幼”上可以说是做得周到细致，但较少听说青年人如何在经济上、精神上关心孝敬父母，孝道仅仅停留在青年口头上。孝道文化在青少年人群中的严重弱化以及概念上的扭曲在所找的资料和数据中显而易见。基于这种现实，学生要重视进行孝文化的学习和自我教育，养成孝敬父母、尊重老人的良好习惯。因为孝敬父母是对一个青少年最基本的道德要求，孝敬父母的教育是最基础的道德教育。一个将来从事老年服务行业的学生，如果连养育自己的父母和祖辈都不关心、不照顾、不尊敬、不爱戴，怎么能去爱其他老人？

“礼，时为大”，这是《礼记》中多次提到的道理。这一点对于老年服务礼仪的学习者来说，依然是应该明白的道理。在家庭中与长者相处，自然不是拘泥于古代的礼仪，而是在把握人文内涵的前提下，掌握礼仪的形式。例如：不能尊卑不分，语无轻重，对长辈说话要有分寸。与长者在一起吃饭，长者没有入座，自己不能坐下；长者没有动筷子，自己不能先吃；给长者敬酒，要转身饮酒，不能与长者面对面对饮。

在与老年人的共同生活中，我们能不能理解老人的行为？能否采取适宜的方式帮助老人？或是相反，如逃避甚至呵斥？这对于青少年时期的学生还真是一个不小的考验。主动应对这种考验，在过程中学习，特别有助于老年服务礼仪的养成。

小贴士

假期陪伴老人的体验

新学期的课堂上，老师提出了这样的问题“假期陪老人住几天”的任务完成了没有？在陪伴过程中，你有哪些不适应？是如何解决的？一位同学回答：“奶奶每天早上起床太早，又发出声响，影响了我的休息。白天唠唠叨叨，磨得我的耳根子都出茧子了。一直克制，但很痛苦。”

学习者与老年人互动，还要通过志愿服务去实现。志愿服务可以实现学习者加强社会交流与融合的需要，丰富他们的生活阅历；另一方面也锻炼了学习者各方面的能力，有利于促进专业知识与实践运用的有机结合。老年人服务相关专业的志愿服务活动不仅是向老年人献爱心，为老年人提供专业的服务，还有一个重要的目的，就是在志愿服务的实践活动中，学习和检验自己的专业知识和技能是否掌握了，其中就包括老年服务的礼仪。仅就这后一点来说，通过志愿活动，学生要与服务机构进行直接或间接的联系，要对老年人进行面对面的服务，也有可能向老年人的家属、所在社区展示自己的礼仪形象。要策划一次志愿服务活动，就要了解服务对象（老年机构或者老年人）的服务需求。如何了解？如何打电话或者当面问询？这其中的礼仪很多。“有礼”就为活动的组织打下了良好的基础，“无礼”或者“失礼”很有可能被人家婉拒或拒绝。再如：第一次面对老年人如何介绍自己？志愿活动结束前，如何向老年人道别？“有礼”下次欢迎，“无礼”或者“失礼”有可能永远“拜拜”。学生在专业志愿活动中，不仅应该通过得体的礼仪传递爱心，更应该反思自己老年服务礼仪的学习效果，不断地提升自己的礼仪展示的水平。

学习者与老年人互动，也在公共场所。可以说公共场合年轻人能否对老年人讲礼仪，这个礼仪课的“考试”要想通过还不容易。在公共场合，没有老师、同学在场，行为能否自律？再者，公共场合年轻人关心、照顾老年人的道德氛围也不理想。例如，社会上有这样的争论：公交车上要不要给老年人让座？给老年人让座，是中华民族“尊老”的美德，老吾老以及人之老，幼吾幼以及人之幼。人老了，身体素质不如年轻时，需要人们照顾。在公共汽车上，坐着比站着舒服、安全一些，有时候一个急刹车，老年人就可能摔倒出问题，因此提倡给老年人让座。

（三）与同学互动

同学之间的关系是学生在校学习期间最为常见、最重要的一种关系。在与同学的互动中培养自己的礼仪就是把礼仪的学习与日常的生活结合起来。

以同学之间容易产生的矛盾为例。有哪些原因会引起同学之间的矛盾呢？下面这些现象可能是比较常见的：别人休息、学习时，还无顾忌地追逐打闹，大声喧哗；打饭或买东西时无故插队；不分对象、不分场合，以取笑人短处为乐；稍有不顺，说话用语不文明；对人言语傲慢，态度无礼；在没有别人允许的情况下，私自拿或使用别人的东西；遇事斤斤计较，得理不饶人；因嫉妒而故意为难或疏远对方。

学生也是社会的动物，大家无法脱离学生的集体而存在。正如我们无法选择我们的父母和家庭一样，基本上，学生也无法选择自己的班级、同学和老师。在面对同学时，我们必须学会文明地与他人相处，学会同学交往的礼仪。对有志于从事老年服务的学生来讲尤为重要。

一是要在和同学的语言交谈中培养自己的礼仪。交谈是同学之间交流的主要形式之一，它有助于增加同学间的了解、友谊，相互增长知识。与老师交谈相比，同学们之间的交谈较随意，但也有一定的礼仪规范，同学之间的交谈时也要有一些礼仪的约束。例如，同学之间如何称呼？在请同学帮忙时如何表达？同学们之间的交谈应该注意一些问题：同学之间可彼此直呼其名，但不能用“喂”“哎”等不礼貌用语称呼同学；在有求于同学时，须用“请”“谢谢”“麻烦你”等礼貌用语。说话态度要诚恳谦虚，语调要平和，不可装腔作势；交谈中力求语言文雅注意场合分寸；开玩笑时应注意，该说的就说，不该说的不说；听同学说话时态度要认真，不得轻易打断别人的讲话，要插话或提问应选择适当的时机；若同学说得欠妥或说错了，应在不伤害同学自尊心的情况下，恳切、委婉地指出。吵架、骂人说难听话是一种无教养的行为及无礼的表现。

二是在和同学的集体生活空间中培养自己的礼仪。每一个人都离不开集体，正如一滴水离不开浩瀚的江河大海一样。因此，我们每位同学都要有集体意识。在集体生活中，要顾全大局，遵守规章制度，不可我行我素。在你付出的同时，也会得到社会的尊重和他人的尊重。这里指的集体生活的空间包括学生的寝室、食堂和其他课外的集体活动场所。就寝室空间而言，每个人均有自己的作息习惯，但是要遵守学校的作息规定，如有特殊情况，也不能影响别人休息；到同学宿舍串串门，也是极为正常的交往，但是一定要注意时间，不要随便串门打扰别人的学习和生活；在同学的宿舍里不能随便乱坐，应得到主人的允许后方可坐下；不可随便移动和翻看其他同学的东西，不能随便动用别人的茶具、毛巾等物品。在食堂打饭，一定要排队，后面的同学要和前面的同学保持合适的距离等。

小贴士

“与同学和好的方法”

某高中的班会上，同学们经过讨论，总结出了与同学和好的 6 个方法：
一句“对不起”，足以见真情；
一句“请原谅”，不会掉身份；
一封“道歉信”，婉转沟通桥；
一个“第三者”，铺就沟通桥；
一场“欢乐会”，冲淡不愉快；
一颗“赤诚心”，万事变成金。

“对不起”“请原谅”……所有的这些方法，足以表明礼仪在形成学生良好互动关系中的作用。学生在与同学相处中，有意识地去践履这些礼仪，成长中必定受益匪浅。

思考题

1. 何谓老年服务礼仪？它有哪些特征？
2. 结合自身实际说说老年服务礼仪培养的途径。
3. 老年服务从业人员学习礼仪有何意义？

模块六

符合职业要求的仪容

学习目标

1. 能够了解仪容礼仪的意义。
2. 能够认知老年服务仪容礼仪的基本要求。
3. 掌握老年服务仪容礼仪训练的基本方法。

案例导入

黄老先生是孤寡老人，在养老院生活多年。近些日子，他却总是跟其他老人抱怨一直辛苦照顾她的小李。小李是刚刚毕业的学生，她五官清秀，老年护理工作技能娴熟，可总是浓妆艳抹，让人觉得不舒服，黄老先生一看到她就觉得心情欠佳。小李还喜欢留长指甲并涂上艳丽的指甲油，有一次小李给老人送饭菜时，黄老先生使劲盯着小李的手看，原来小李涂的指甲油缺了一块。黄老先生的第一个反应就是“不知是不是掉进我的菜里了”。有几次，黄老先生唤小李帮忙，却发现小李正对着镜子梳头发，丝毫没注意到黄老先生的需要。

问题讨论

1. 请指出案例中小李在仪容上存在的问题。
2. 本案例对你有哪些启示？

仪容，指一个人的容貌，由发式、面容以及人体所有未被服饰遮掩的肌肤所构成，是个人仪表的基本要素。

就个人的整体形象而言，容貌是整个仪表的一个至关重要的环节。它反映着一个人的精神面貌、朝气和活力，是传达给对方感官最直接、最生动的第一信息。它既可以使人看上去精神焕发、神采飞扬，也可以使人看上去萎靡、疲倦、无精打采。所以说，塑造良好的自我形象，首先应当考虑的就是仪容。

任务一　掌握头发的修饰要求

头发生长于头顶，位于人体的“制高点”，所以更容易引起对方重视。因此，老年服务从业人员修饰仪容通常应当“从头做起”。

一、头发修饰的基本要求

发式是构成仪容美的重要内容。美观的发式能给人整洁、庄重、洒脱、文雅、活泼的感觉。根据不同人的发质、服装、身材、脸型等选择合适的发式，就可以扬长避短，和谐统一，增加人的整体美。

（一）发式与发质、服装

各人的发质不一，不同的发质要与不同的发式和服装相搭配。

一般来说，直而硬的头发容易修剪得整齐，故设计发式时应尽量避免复杂，应以修剪技巧为主，做成简单而又高雅大方的发式。比如梳理成披肩长发，会给人飘逸秀美的悬垂美感；用大号发卷梳理成略带波浪的发式或梳成发髻等，会产生雍容、典雅的高贵气质。

细而柔软的头发，比较服帖、容易整理成型，可塑性强，适合做小卷曲的波浪式发式，显得蓬松自然；也可以梳成俏丽的短发，能充分体现个性美。

一个人的发式与服装有着十分密切的关系。当今社会着装追求个性化和多样化，年轻人尤为如此。但是服装应有相应的发式相配，这样才显得和谐大方。假如一个高贵典雅的发髻配上一套牛仔服系列就显得不伦不类，因此，只有和谐统一才体现美。

（二）发式与身材

由于先天或后天的原因，人的身材、体形有差异，选择适合自己身材的发式很重要。

身材高大者，应选择大方、健康洒脱美的发式，以避免给人大而粗、呆板生硬的印象，切忌花样复杂。烫发时，不应卷小卷，以免造成与高大身材的不协调。

身材高瘦者，适合留长发型，并且适当增加些发式的装饰性。如梳卷曲的波浪式发式，会对于高瘦身材更有一定的协调作用。但高瘦身材者不宜盘高发髻，或将头发修剪得太短，以免使人觉得更加瘦长。

身材矮小者，适宜留短发或盘发，因露出脖子可以使身材显得高些。也可以根据自己的喜爱，将发式做得精巧、别致些，追求优美、秀丽。但矮小身材者不宜留长发或粗犷、蓬松的发式，那样会使身材显得更矮。

身材较胖者，适宜梳淡雅舒展、轻盈俏丽的发式，尤其是应注意使整体发式的趋势向上，将两侧束紧，使脖子露出，会显得瘦长。但若留长波浪，两侧蓬松，则会显得更胖。

如果上身比下身长，或上下身等长，发式可选择长发以遮盖其上身；如肩宽臀窄，就应选择披肩发或下部头发蓬松的发式，以发盖肩，分散肩部宽大的视角；若颈部细长，可选择长发的发式，不适宜采用短发式，以免使脖颈显得更长；若颈部短粗，则适宜选择中长发式或短发式，以分散颈粗的感觉。

总之，进行发式选择时，必须根据自己的体型，选择一个与之相称的发式。

（三）发式与脸型

发式由于其可变性又可以修饰脸型。人的脸型一般可分为 6 种，选择发式时，要考虑脸型的特点，进行平衡和调和，才能弥补脸型的不足，创造美丽和满意的效果。

椭圆脸型：任何发式都可与它搭配。若采用中分头路，左右均衡、顶部略蓬松的发式，会更贴切，以显示脸型之美。

圆脸型：由于双颊较宽，因此应选择头前部或顶部略半隆的发式，两侧则要略向后梳，将两颊及两耳稍微留出，这样，既可以使脸显长，又显得端庄大方。圆脸型的人尤其适合梳纵向线条的垂直向下的发式或是盘发，使人显得挺拔而秀气。

长脸型：端庄凝重，但给人一种老成感。因此，应选择优雅可爱的发式来冲淡这种感觉，顶发不宜太丰隆、前额部的头发可适当下倾，两颊部位的头发适当蓬松些，可以留长发，也可以齐耳，发尾要松散流畅，以发式的宽度来缩短脸的视觉长度。若将头发做成自然成型的柔曲状，会更理想。

方脸型：前额较宽，两腮突出，显得脸型短阔。适宜选择自然的大波纹状发式，使整个头发柔和地将脸孔包起来，两颊头发略显蓬松遮住脸的宽部，使人的视觉由线条的圆润冲淡脸部方正直线条的印象。

“由”字型：应选择宜表现额角宽度的发式，而中长发较好。可使顶部的头发梳得松软蓬松些，两颊侧的头发宜向外蓬出以遮住腮，在人的视觉上减弱腮部的宽阔感。

“甲”字型：宜选择能遮盖宽前额的发式，一般说两颊及后发应蓬松而饱满，额部稍垂“刘海”，顶部头发不宜丰隆，以遮住过宽的额头。此脸型人适宜将发烫成波浪形的长发。

二、老年服务从业人员头发修饰的要求

（一）老年服务从业人员头发修饰的总体要求

头发梳理得体、整洁、干净，不仅反映了良好的个人面貌，也是对人的一种礼貌。老年服务从业人员的发式礼仪规范要求有以下几项。

1. 头发整洁、无异味

要经常理发、洗发和梳理，以保持头发整洁，没有头屑。理完发要将洒落在身上的碎头发等清除干净，并使用清香型发胶，以保持头发整洁、不蓬散，不用异味发油。

2. 发型大方、得体

男性老年服务从业人员头发长度要适宜，前不及眉，旁不遮耳，后不及领，不能留长发、大鬓角，尽量不要光头。

女性老年服务从业人员岗上应盘发，不梳披肩发，头发亦不可遮盖眼睛。女性老年服务从业人员的头饰以深色小型为好，不可过于引人注意。

3. 注意头发保养

（1）洗发。头发是形象的重点，所以应当自觉地做好日常护理。不论有无交际活动，平日都要勤于梳洗自己的头发，这样做有助于保养头发，又有助于消除异味。

一般来说，中性皮肤的人，冬天可隔 4～5 天洗一次，夏天可隔 3～4 天洗一次，油性皮肤和干性皮肤的人，可分别缩短或延长 1～2 天。夏季每天洗发亦可，只是要注意必须选用性质温和的洗发水，例如含有氨基酸、蛋白质等活性剂的洗发水。

要洗好头发，需注意以下三方面。

其一，注意水的选择。洗涤头发，宜用大约 40 摄氏度的温水。水温过低或过高，都对头发产生损害。还要注意水质，各种含碱或含酸过多的矿泉水，均不宜用来洗头。

其二，注意洗发剂的使用。在选用洗发剂时，除了要使之适合自己的发质外，还应使之具有去污性强、营养柔顺头发、刺激性小、易于漂洗等优点。使用洗头剂后，一定要将其漂洗干净。

其三，注意头发的变干。洗头之后，最好令其自然晾干。此种做法，最有益保护头发。若使用电吹风，温度不宜过高，否则会毁伤头发。

（2）理发。理发指的是对头发所进行适当地修整，并以将其剪短一定长度为主要特征。在正常情况下，头发会不断地进行新陈代谢。因此，每到一定的时间，人们就必须理发。

由于服务对象的特殊性，老年服务从业人员应更加注意自己头发的修剪。在修剪自己的头发时，有三个方面的问题应当引起重视。

其一，定期理发。通常情况下，男士应为半个月左右一次，女士可根据个人情况而定，但最长不应长于 1 个月。

其二，慎选理发方式。具体说来，理发又分为剪、刮、洗、染、吹、烫等各种不同的方式。老年服务从业人员对其中一些具体方式可以根据自身特点，进行自由选择。原则是符合自己的职业特征。

其三，留意头发长度。前面已有介绍了，不再赘述。

下面这个案例也从一个侧面反映出了发式对于形象的重要作用。

焕然一新的院长

养老院的杨院长有一次要接受电视台的采访，为了郑重起见，接受采访前杨院长特意找到个人形象顾问咨询有无特别需要注意的事项。对方专程赶来之后，仅仅向杨院长提了一项建议：换一个较为儒雅而精神的发式，并且一定要剃去鬓角。对方的理由是：发式对于一个人的上镜效果至关重要。果不其然，改换了发式之后的杨院长在电视上亮相时，形象确实焕然一新。得体的发式使杨院长显得精明强干。

（3）梳发。这是保持美发不可缺少的日常修整之一。梳发可以去掉头部及发上的浮皮和污垢，并给头发以适度的刺激，促进血液循环，使头发柔软而有光泽。

就梳理自己的头发来讲，老年服务从业人员有必要注意下列三点。

一是要选择适当的工具。梳理头发，不宜直接使用手指抓挠，而应当选用专用的头梳、头刷等梳理工具。其主要标准是不会伤及头发、头皮。在外出上班时，最好随身携带一把发梳，以备不时之用。

二是要掌握梳理的技巧。梳理头发，不但是为了将其理顺，使之成型，而且也是为了促进头部的血液循环与皮脂分泌，提高头发与头皮的生理机能。要做到这一点，就必须掌握必要的梳理技巧。例如，梳头时用力要适度，用力不宜过重过猛；梳子与头发可形成一定的角度，以促使头发的形状起伏变化；梳子应向某一个方向同向运动，不宜改变方向。

三是要避免公开操作。看这样一个案例：在某养老院的休息室里坐满了等候面试的人们，有人充满自信，志在必得；有人紧张异常，一遍遍地背着自我介绍。面对众多的求职竞争者，李小傅不以为然地笑笑，从包里拿出化妆盒补妆，发现自己头发乱了，认真地重新梳好头发，心想："我高挑的个子，白皙的皮肤，还有这身够靓的打扮，院长秘书的岗位，舍我其谁？"面试官望着李小傅脚下散落的碎发，摇了摇头，面试结果也可想而知了。

为什么一个各方面的条件"看起来"还不错的年轻人，会遭遇求职的挫败呢?"礼仪"这一票否决了年轻人的其他实力。梳理头发是一种私人性质的活动。作为私人事务，老年服务从业人员每天在进入工作岗位之前就应该梳理好自己的头发，在休息期间也要避开同事和服务对象检查和整理自己的头发。若是"当众理衣鬓"，在外人面前梳理自己的头发，使残发、发屑纷纷飘落的情景尽落他人的眼底，不仅影响自己的形象，也是对同事、特别是对服务对象的不尊重。

任务二　掌握面容的修饰要求

一、面容修饰礼仪的基本要求

面容修饰最基本的要求是：时刻保持面部干净清爽，无汗渍和油污等不洁之物。修饰面部，首先要做到清洁。清洁面部最简单的方式，就是勤于洗脸。午休、用餐、出汗、劳动或者外出之后，都应立刻洗脸。

从面部的具体部位来说，主要有以下几个方面。

（一）眼睛

要保持对眼睛的清洁，要及时清除眼部分泌物。另外，在工作场合，戴墨镜是不合适的，因为这样会显得不伦不类或有拒人千里之外之嫌。

（二）耳朵

对耳朵的清洁主要表现在两个方面：平时洗澡、洗头、洗脸时，应安全地清洗一下耳朵，及时清除耳朵孔中的分泌物；有些人耳毛长得较快，当耳毛长出耳孔之外时，就应进行修剪。

（三）鼻孔

对鼻孔的清洁主要表现在两个方面：鼻腔要随时保持干净，不要让鼻涕或别的东西充塞鼻孔；经常修剪一下长到鼻孔外的鼻毛。

（四）嘴部

对嘴部的要求是：牙齿清洁，口无异味。

（五）脖颈

对脖颈的要求是：清洁，不要只顾着脸上干干净净，而忽视了对脖子的照顾。脖子尤其是脖后、耳后，绝不能成为“藏污纳垢”的地方；护肤，脖子上的皮肤细嫩，应给予相应的呵护，防止过早老化。

二、老年服务从业人员面容修饰的要求

老年服务从业人员要注意清洁与适当的修饰，不仅使自己容光焕发，显示活力，也传递对同事和服务对象的尊重。男士胡须要剃净，鼻毛应剪短，不留胡子，不戴变色或异型的近视镜；女士可适当化妆，但应以浅妆、淡妆为宜，不能浓妆艳抹，并避免使用气味浓烈的化妆品。

（一）注意口腔卫生

口腔卫生对于老年服务从业人员很重要。特别是对于护理人员来讲，由于每天与老年人的接触是近距离的，如果有口气的话，会让老人反感。因此老年服务从业人员一定要注意口腔卫生，应做到以下几个方面。

（1）坚持每天刷牙，消除口腔异味，维护口腔卫生，是非常必要的。

（2）有可能的话，在吃完每顿饭以后都要刷一次牙。切勿用以水漱口和咀嚼口香糖的方法来替代刷牙。

（3）工作之前不要吃葱、蒜、韭菜、腐乳之类有异味的食物，注意烟酒异味。必要时，嚼口香糖可减少异味，但禁止在老年服务对象面前或与老年服务对象交谈时嚼口香糖。

（4）禁止发出异响。在进行老年服务工作中，包括嘴、鼻子及其他部位发出的咳嗽、哈欠、喷嚏、吐痰、吸鼻、打嗝等不雅之声统称为异响，应当禁止出现。如果不慎弄出了异响，要向身边的人道歉。

（二）去除分泌物

分泌物不及时去除，既是一种不讲究卫生的表现，也是对他人的不尊重。因此老年服务从业人员需要注意去除分泌物，保持面部干净。

（1）眼睛分泌物：它给人的印象很不雅，所以应经常及时地将其清除；戴眼镜者还应注意，眼镜上的污垢也要及时擦除。

（2）鼻孔分泌物：在外出上班或出席正式活动之前，要检查一下鼻孔内有无鼻涕，若有要及早清除。有必要去除鼻涕时，宜在无人场合以手帕或纸巾辅助轻声进行，切忌声音过大，令人反感。

（3）口部的多余物：指口角周围沉积的唾液、飞沫、食物残渣和牙缝间的牙垢，必须及时发现及时清除。

（三）耳部的修饰

耳部的除垢，耳孔里的分泌物及污垢映入对方的视野会显得极不雅观。因此，服务人员务必每天进行耳部除垢。但一定要注意此举不宜在工作岗位上进行。

耳毛的修剪。有的人由于个人生理原因，耳孔周围会长出一些浓密的耳毛，老年服务从业人员一旦发现自己有此类情况应及时进行修剪。

（四）鼻部的修饰

鼻部“黑头”的清理，一是平时对此处要认真进行清洗，二可用专门的“鼻贴”处理，切勿乱挤乱抠，以免造成局部感染。

（五）做好皮肤护理

护肤是仪容美的关键，老年服务从业人员应注意皮肤、尤其是面部皮肤的护理和保养。

皮肤一般分三种类型：干性皮肤、中性皮肤和油性皮肤。对于不同类型的皮肤需用不同的方法加以护理和保养。

健康的皮肤具有光泽，且柔软、细腻洁净、富有弹性；而当人处于病态或衰老的时候，其皮肤就会失去光泽、弹性，出现皱纹或色斑。对皮肤进行经常性的护理和保养有助于保持皮肤的青春活力。

干性皮肤油脂分泌较少，对外界的刺激十分敏感，极易出现色素沉着和皱纹。每天在洗脸的时候，可以在水中加入少许蜂蜜，湿润整个面部，用手拍干。坚持一段时间，就能改善面部肌肤，使其光滑细腻。

中性皮肤比较润泽细嫩，对外界的刺激不太敏感。这种皮肤比较易于护理，可以在晚上用水洗脸后，再用热水捂脸片刻，然后轻轻抹干。

油性皮肤肤色较深，毛孔粗大，易生痤疮等皮脂性皮肤病，但适应性强，不易显皱。洗脸时可在热水中加入少许白醋，可以有效地去除皮肤上过多的皮脂、皮屑和尘埃，使皮肤富有光泽和弹性。

皮肤的护理是必要的，皮肤的保健更是十分必要的。精神愉快是最好的美容保健方法。老年服务从业人员有其自身的职业特点，特别是一线护理人员，由于各种各样的原因，工作有时可能会招来服务对象的误解，这也成为增加工作人员压力的一个重要因素。

合理的饮食是美容保健的根本。人体需要多种养分，有了养分，皮肤才有自然健康的美。因此，我们在日常的生活中应注意饮食上的多种多样，多食用富含维生素的食物，少吃刺激性食物，保持吸收、消化系统的畅通。

（六）男性老年服务从业人员的面容修饰

现代都市男性，重视外表是内在修养的体现，有内涵又得体，自然洒脱、魅力非凡，才是具有吸引力的男性。

男性老年服务从业人员应养成每天修面剃须的良好习惯。除了具有宗教信仰与风俗习惯者之外，男性老年服务从业人员不宜蓄留胡须，因为在老年服务工作中它显得不清洁，而且对老年人不尊重。男性老年服务从业人员还需要关注细节，忌眼耳有明显分泌物，忌露出鼻毛，养成出门前照镜子的习惯。

（七）女性老年服务从业人员的化妆修饰

面容化妆的目的在于使人的精神面貌有焕然一新之感，适度化妆也是对老年服务对象尊重的一种礼貌表现。

1. 女性老年服务从业人员面容化妆的原则

老年服务从业人员特别是女员工一般应进行适当的化妆，这一基本要求，被归纳为“化妆上岗，淡妆上岗”。所谓“化妆上岗”，即要求老年服务从业人员在上岗之前，应当根据岗位及接待礼仪的要求进行化妆。所谓“淡妆上岗”，则是要求老年服务从业人员在上岗之前的个人化妆，应以淡雅为主要风格。

（1）淡妆上岗原则。现今的社交礼仪中，化妆是一个基本的礼貌，素面朝天并不会给人以好感，尤其在生病、熬夜、身体不适等情况下，素面往往只会真实表现你的憔悴；得体的妆容方显示出对对方的重视和尊重。但是不分场合的浓妆也是不礼貌的，比如在对老年人进行服务的场合化前卫冷傲的妆容，会给人傲慢无礼轻浮的印象。因此在老年服务工作中，考虑到老年人喜欢素雅的妆容，一定要淡妆上岗。

妆容，对于大多数女性来讲，可以分为“基础妆”和“时尚妆”两种，基础化妆是比较正统的、原则性的，适宜于一些隆重的场合，突出个人的身份和格调。时尚的化妆，则是具备现代气息和包含了“最新”的意思，一方面是前卫醒目的，另一方面也带有个人冒险的性质，是纯粹享受化妆乐趣的选择。故而，不同场合应有相称的妆容，才能显示你的教养和礼貌，为你的仪态加分。

化妆的浓淡并不是随意的，而是要根据不同的时间、季节和场合来选择。如：白天是工作的时间，一般以化淡妆为宜。如果白天也浓妆艳抹，难免给人的印象欠佳。

化妆的浓淡还应当考虑到场合的问题。人们在节假日大多是要化妆的，但是在外出旅游或参加游乐活动时，最好不要浓妆，不然一出汗，就会感到为难了。

（2）“扬长避短”原则。女性老年服务从业人员应当明确化妆的目的和作用：扬长避短、讲究和谐、强调自然美。

面容化妆要根据自己的工作性质、面容特征来化妆。一定要讲究得体和谐，一味地浓妆艳抹，矫揉造作，会令人生厌。

要使化妆符合审美的原则，应注意以下几点。

第一，讲究色彩的合理搭配。色彩要求鲜明、丰富、和谐统一，给人以美的享受。要根据自己的面部肤色选择化妆品。女士一般希望面部底妆白一点，但不可通过化妆完全改变肤色，应与自己原有肤色恰当地结合，才会显得自然、协调。因此，最好选择接近或略深于自己肤色的颜色化底妆，这样较符合当今人们追求的自然美。

第二，依据自己的脸型合理调配。如脸宽者，色彩可集中一些，描眉、画眼、涂口红腮红都尽量集中在中间，以收拢缩小面积，使脸型显得好看。眼皮薄者，眼线描浓些会显得眼皮厚；描深些，会显得更有精神。涂抹胭脂时，脸型长者宜横涂；脸型宽者宜直涂；瓜子形脸则应以面颊中偏上处为重点，然后向四周散开。

第三，强调自然美。如眉毛天然整齐细长，浓淡适中，化妆时可以不描眉；脸型和眼睛形状较好的可不画眼。如果，有一双又黑又亮的大眼睛和长长的睫毛，就没有必要对眼睛去大加修饰，因为自然自有一种魅力。

（3）讲究科学性原则。

第一，科学选择化妆品。化妆品一般可分为美容、润肤、芳香和美发四大类，它们各有特点和功用，化妆时必须正确合理选择和使用，避免有害化妆品的危害。对待任何一种化妆品，都要先了解其成分、特点、功效，然后根据自己皮肤的特点，合理选择试用。经过一段时间后，把选用的化妆品相对固定。这样做既起到美容的作用，又避免了化妆品对皮肤的伤害，以求自然美和修饰美的完美统一。

第二，讲究科学的化妆技法。在化妆时，若技法出现了明显的差错，将会暴露出自己在美容素质方面的不足，从而贻笑大方。因此，女性老年服务从业人员应熟悉化妆之道，不可贸然化妆。

（4）“修饰避人”的原则。“修饰避人”就是不在公共场合化妆和补妆。在公共场合（尤其是在老年服务工作岗位上）化妆是极为失礼的。这样是既不尊重别人，也不尊重自己，给人以轻佻、浮夸的感觉，层次不高，毫无修养可言，从而影响个人形象。

（5）不以残妆示人的原则。残妆，指由于出汗之后、休息之后或用餐之后妆容出现了残缺。长时间的脸部残妆会给人懒散、邋遢之感。所以，在上班时女性老年服务从业人员不但要注意坚持化妆，而且要注意及时地进行检查和补妆。

2. 测定肌肤的类型

测定肌肤类型的方法很多，有专门鉴别肌肤类型的仪器，也有最简单的观察鉴别法。

一般主要观察毛孔大小，油脂多少，有无光泽，肌肤弹性，接触化妆品是否过敏等，然后把观察结果与各类肌肤特点作对比，就基本可以判定肌肤的类型。通常还可以运用以下简单易行的测试方法进行鉴别。

纸巾测试法——晚上睡觉前用中型洁肤品洗净肌肤后，不擦任何化妆品上床休息，第二天早晨起床后，用吸油脂巾轻试前额及鼻部，若纸巾上留下大片油迹，肌肤便是油性的；若纸巾上仅有星星点点的油迹，肌肤则为干性；若纸巾上有油迹但不均匀，一般是混合肌肤。

洗脸测试法——利用洁面后绷紧感觉的时间来判断。洁面后，不擦任何保养品，面部会有一种紧绷的感觉，干性肌肤洁面后紧绷感 5 分钟左右开始，大约 40 分钟后消失；中性肌肤洁面后紧绷感 10 分钟左右开始，大约 30 分钟后消失；油性肌肤洁面后紧绷感 15 分钟左右开始，大约 20 分钟后消失。

触摸测试法——晨起时，用手触摸肌肤，感觉油腻的为油性肌肤；感觉粗糙的为干性肌肤；感觉平滑的为中性肌肤。

3. 简易化妆的方法

化妆的基本步骤有以下几步。

化妆第一步：饰底乳（隔离）。用绿豆粒大小的饰底乳在脸上涂抹均匀就可以了。注意量一定不能太多。绿色和蓝色的饰底乳有好的遮盖作用，适合有斑点或其他瑕疵的人用。紫色则比较适合东方人偏黄的皮肤。白色的比较适合透明妆使用。

化妆第二步：粉底液。比饰底乳多一倍的量均匀地涂抹在脸部。通常选用与自己肤色接近的粉底液，用点、按、压、揉的手法，均匀地涂在面部和颈部。要注意的是眼部，头发与额头的交界处也要涂抹均匀。不然别人一眼就能看出你化妆了。

化妆第三步：遮瑕霜或者遮瑕液。可以用化妆刷轻轻地在瑕疵以及周围涂遮瑕霜。还有一种用法是将遮瑕液涂在双眉之间到鼻子 1/3 还有眼睛的下面。这样不仅可以遮盖黑眼圈还可以起到提亮的作用。

化妆第四步：定妆（散粉）。用粉扑轻轻地拍打在脸部，注意要均匀上粉，还有要注意的是头部的裸露部分都要上粉，看上去更精神，达到化妆的效果。注意脸与脖子的交界处。

化妆第五步：眉眼部的修饰。

眉毛：重要的是眉毛的修剪。利用修眉工具顺着眉毛生长方向，将多余眉毛修除，使眉的线条清晰、整齐、流畅，为画眉打下基础。画眉的基本步骤：用眉笔刷蘸取浅色眉粉在眉毛处画出一条眉形；用深色的眉笔加深层次；如果眉毛处有空隙的地方，要用眉笔按照缺一补一的方法去一根根地填补；用修改笔蘸取基底液将眉底线修饰干净；在眉弓骨处用白色或珠光白色提亮。

眼影：可以根据不同的服装选择颜色的搭配。化眼影的时候要注意色彩的过渡。比如粉红色的眼影，就要先将整个眼眶都涂上一层淡粉，然后在接近睫毛的地方加深。完妆后要在眉骨鼻梁上扫上一层白色的散粉。可以达到凸显立体感的效果。

眼线：眼线应画得紧贴睫毛，画上眼线时，应从内眼角向外眼角方向画；画下眼线应从外眼角向内眼角画，并在距内眼角约 1/3 处收笔，内眼角不画，重点晕染眼尾。这样会使双眼显得大而充满活力。

睫毛：夹睫毛分成三步处理。从睫毛根部、睫毛中部、睫毛梢部各夹一下，使其成自然弯曲状；涂睫毛膏先涂上睫毛：眼睛向下看，轻轻提拉眼皮使睫毛根部稍稍外翻出，然后使用睫毛刷先在根部以“之”字形涂抹，然后向上提拉，再涂下睫毛：眼睛向上看，用睫毛刷在睫毛根部以“之”字形涂抹，然后向下提拉。

化妆第六步：腮红。腮红与唇膏眼影基本属于一个色系，以小刷蘸取腮红刷到颧骨下方。对于不同的脸型，腮红有不同处理方法（图 6-1）。标准型可在笑肌位置用刷子由外往内以打圈方式刷上腮红；长形脸应从脸颊部位开始至耳朵方向横向扫；圆形脸：斜形涂法，圆形涂法（年轻女孩）；方形脸：斜形涂法，可离鼻子稍近些；正三角形脸：从颧骨向太阳穴方向涂抹，下面深，上面浅；倒三角形脸：由太阳穴向颧骨方向涂抹，面积不能大；菱形脸（颧骨突出）：在整个突出的颧骨部位，微呈射线状扫上腮红，可达到收敛颧骨的效果。

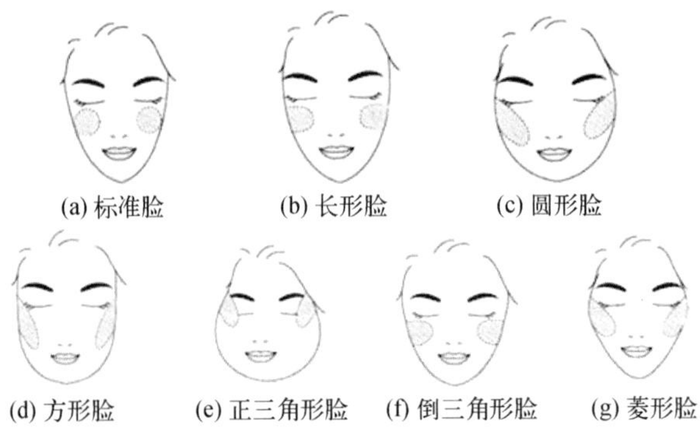

图 6-1　不同脸型腮红的涂抹区域

化妆第七步：唇部的修饰。先画唇线：用唇线笔画，笔的颜色略深于唇膏，嘴巴自然放松张开—先上后下，一般从两侧向中间描—上唇嘴角要细描，下唇嘴角可略去，显得嘴型秀气；再涂唇膏：彩色要协调，无色也可，一般从两侧向中间—用纸巾吸去多余唇膏，注意牙齿上不要留有唇膏。

任务三　四肢的修饰

一、四肢修饰的基本要求

肢体是礼仪的载体，是礼仪活动中的重要组成部分，许多礼仪形式都是通过肢体各部位器官的协调一致来完成的，所以，身体肢体的修饰也同样不可忽视。

二、老年服务从业人员四肢的修饰要求

（一）手部的清洁和修饰

1. 手

手是人体最灵活的器官。也是人际交往中使用最多的一部分。因此，手被称为人的“第二张名片”。在老年服务工作中，绝大部分的操作都是通过老年服务从业人员的手来进行的，因此，老年服务从业人员的手部清洁与卫生对防止交叉感染及维护老年服务从业人员的形象尤为重要。

手部的清洁和修饰要注意以下几项。

（1）洗涤。在我们的日常生活和工作中，无论是献茶、敬酒，还是握手、递名片、签字等，我们的双手始终处在醒目之处。对于老年服务从业人员来说，手也是接触服务对象最多的地方，出于清洁、卫生、健康的考虑，双手要洗得更勤一些。在工作岗位上，每一位老年服务从业人员都要谨记双手务必做到“六洗”：一是上岗之前要洗手，二是弄脏之后要洗手，三是接触精密物品或入口之物前要洗手，四是规定洗手之时要洗手，五是上过卫生间之后要洗手，六是下班之前要洗手。老年服务从业人员还须注意，在工作岗位上不可乱用双手，例如揉眼睛、掏耳孔、抠鼻、剔牙、搔头发、抓痒痒、脱鞋，或是双手四处乱摸，抓捡地上的物品，都是极不卫生的。在一些特殊的工作岗位上服务

时，为了卫生保洁起见，还应按规定戴专用的手套。

（2）护手。手是人的第二张脸，除了要养成勤洗手的习惯外，还要保护好它，及时涂抹护手霜。一双保养良好、干净、有质感的手，会给人以美感和舒适；而一双粗糙、有损伤或不干净的手，往往会降低服务质量，还会影响到别人对你的印象。若有皮肤病不仅要及时治疗，而且尽量避免与他人接触。下面介绍几种手部护理方法。

①随时随地擦护手霜。补充皮肤的油脂膜方法有很多，用护手霜是最简单方便的选择。最好随身携带一支护手霜，洗一次手抹一次护手霜，不能省略，而且要在洗手后马上使用。

②给手部做 SPA。如果双手干燥脱皮很严重，可以给自己做一个手部 SPA：用牛奶一袋或者食用醋 1～2 大羹匙加入一盆温水中，然后把手浸泡入液体中 2～5 分钟，轻轻按摩促进手部血液循环，这样做也助于去除死皮。然后厚厚地涂上一层手霜。

③皮肤裂口预防感染。在皮肤出现裂口或出血时，要注意预防感染。可使用创可贴或医用胶布将创口拉近后粘贴，有助于新生的细胞爬行生长并修复伤口。如果是皮肤干燥脱皮，则建议多补充维生素 C 和新鲜水果。另外，维生素 B 也是促进皮肤、毛发、指甲生长的重要营养元素，对手部的养护也非常有效，多见于动物肝脏、鱼类、蛋类和大豆中。

④工作时戴手套。在进行老年服务工作时佩戴手套，既卫生又保护手部。在接触水或洗涤用品时，尽量戴上塑胶手套。如果需要长时间佩戴手套，为避免手部汗液的浸湿，可先戴一双棉质的薄手套在里面，然后再佩戴塑胶手套。

（3）指甲

①不要留长指甲。老年服务从业人员不许留长指甲，因为长指甲容易藏污纳垢，给人以不卫生的形象，同时操作中也易误伤老人。因此，指甲一定要经常修剪。修剪时，应同时清洁手指甲沟附近的皮肤，指甲的长度不应超过手指尖。

②老年服务从业人员的指甲不要过于修饰，不可为了美观和时尚在指甲上涂抹彩色指甲油或艺术绘画，这与老年服务从业人员的身份、工作不协调。

③禁止在任何公众场合出现修剪指甲或用牙齿啃咬指甲等不文明、不礼貌、不卫生、不雅观的举止。

2. 肩臂及腋下

（1）肩臂

职场人员最好不穿无袖服装，避免腋下“走光”。社交礼仪要求，在正式的政务、商务、学术、外交活动中，人们的手臂，尤其肩部，不应当裸露在衣服之外。老年护理人员穿着工作服一般不会出现此类问题，但老年服务机构的行政人员也应注意不穿无袖的工作服，这是修饰手臂最重要的一点。此外，如果手臂有缺陷，如较大的疤痕，则不宜着短袖的工作服，应着长袖工作服给人以完好的形象。

（2）腋下

①腋毛。腋毛属于个人隐私，在他人面前，尤其是在外人或异性面前，是不应当为对方所见的，被人看到很失礼。这在他人眼中是极不美观的，尤其是女性更应注意。在正式场合不要穿会令腋毛外现的无袖服装。而在某些特殊场合，比如晚宴、酒会，需要穿无袖外衣或礼服时，应注意剃除腋毛，不能使其外露。

②气味。人体出汗时，腋下易产生气味。尤其在夏天，如不勤洗澡，会使体味恶化，严重时会让周围的人无法忍受。腋下的异味会毁掉一个人在职场中的良好形象，在我国，绝大部分人对这种气味都很敏感，无论你多么有才能，都会成为不受欢迎的人。缓解腋下气味最佳方式就是勤擦洗、勤更换衣物或者使用一些去除异味的产品，比如香水；如果是健康问题引起的，可到专业医院动手术去除，如腋臭。

（二）腿脚

在人际交往中，人们常常有“远看头，近看脚，不远不近看中腰”的习惯。腿脚虽然只是一个人职业形象的一小部分，却是整体形象的一个闪光点。在近距离之内常为他人所重视，在修饰仪容时不可偏废。腿脚部的修饰应当注意以下两点。

1. 腿部

正式场合。男性老年服务从业人员不应暴露腿部，即不宜穿短裤。女性老年服务从业人员在正式场合可以穿长裤、裙子，但不应穿短裤或过于暴露的超短裙。

2. 脚部

（1）保持清洁。人在行走时，脚部运动最多，也最容易出汗，在正常情况下，应保持脚部的卫生。所以，我们每天要勤洗脚，勤换鞋子和袜子。如果不认真清洗脚部，就很难有清洁可言。勤洗脚不仅是礼仪的需要，也是足部健康的需要。为了避免脚臭，我们还应勤换袜子，尽量做到每天一换。避免穿有异味的袜子。同时，穿着被染色和已经被污染的袜子也是不礼貌的。必须勤换鞋子，避免其内部产生异味。平时还须注意鞋子保洁的问题。在穿鞋前，务必要细心清洁好鞋面、鞋跟、鞋底等处。

（2）严禁裸露。一般在正式场合应穿袜子，老年服务从业人员工作时，应穿规定的工作鞋，并做到清洁、舒适、方便、美观。不可穿一些有可能使脚部过于暴露的鞋，如拖鞋、凉鞋、镂空鞋。此外，不要在他人面前脱下鞋子，更不要脱下袜子搔抓脚部。这类不良习惯，有损个人形象。

任务四　实操与模拟

实训一：发型修饰

（一）训练目的

（1）熟练掌握发型修饰的步骤、方法和技巧。

（2）能结合自身特点，恰当地为自己设计工作发型。

（二）训练准备

1. 环境准备

环境整洁、安静、带镜子的练功房。

2. 用物准备

椅子、梳子、卡子、镜子等。

3. 学生准备

仪表端庄、大方、精神饱满。

（三）训练方法

1. 操作示范

教师演示盘发步骤或播放录像。

低发髻盘发：

①将头发梳顺，然后用皮筋扎起来，扎一个低发髻；②用第二根皮筋将马尾部分扣住一部分；③将剩余的头发绕着发髻缠一圈，然后用小发夹固定住；④一个简单漂亮的发型成功了，也可以搭配简单美丽的头饰在发髻上（图 6-2）。

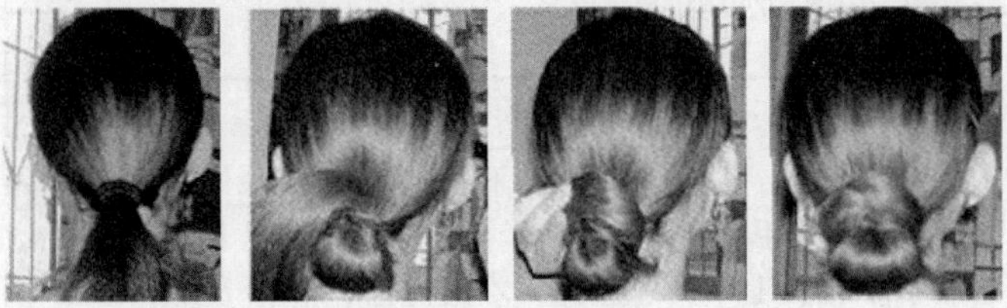

图 6-2　低发髻盘发

2. 同学练习

将女同学分为 2 人一组，学习盘发。

（四）效果评价

1. 学习态度

是否以认真的态度对待训练。

2. 技能掌握

是否将理论与实践有机结合，独立完成整个过程。

3. 职业情感

是否理解老年服务从业人头发整洁干净的意义。

4. 团队精神

练习过程中是否积极参与、团结互助、相互指导、共同协作。

实训二：化妆训练

（一）训练目的

（1）熟练掌握快速化工作妆的步骤、方法和技巧。

（2）能结合自身特点，恰当地为自己设计工作妆。

（二）训练准备

1. 环境准备

配套有化妆镜、暖光源的化妆实训室。

2. 物品准备

化妆品、化妆工具。

（三）训练方法

1. 操作示范

教师演示化妆步骤或播放录像。

<table>
<tr><th>实训内容</th><th>操作标准</th><th>基本要求</th></tr>
<tr><td>基本化妆</td><td>1. 涂化妆水，用棉球蘸取向脸面叩点；2. 涂饰底乳，用手指或手掌在脸上点染晕抹；3. 上粉底，用手指或手掌在脸上晕染、涂抹，不宜过厚；4. 扑化妆粉，用粉扑自下而上，扑均匀</td><td rowspan="2">1. 眼要自然不着痕，颊宜轻匀；
2. 内容可酌情舍弃或变动顺序；
3. 此操作仅适合简单快速淡妆或工作妆，用时 10 分钟左右；
4. 不在男士面前化妆</td></tr>
<tr><td>眼部化妆</td><td>1. 涂眼影：用棉花捧蘸眼影在眼周、眼尾、上下眼皮、眼窝处点抹，使人显得温柔；2. 描眉：蓝灰色打底，棕色或黑色描出适合的眉型。直线型使脸显短，弯型使人显得温柔；3. 描眼线：用眼线笔沿眼睫毛底线描画</td></tr>
<tr><td>抹腮红</td><td>用脸颊红轻染轻扫两颊，以颧骨为中心向四周涂匀；长脸型横打胭脂，圆脸型和方脸型竖打胭脂</td><td rowspan="3">—</td></tr>
<tr><td>画口红</td><td>1. 用唇笔描上下唇轮廓，起调整色泽，改变唇形的作用；2. 涂口红填满</td></tr>
<tr><td>检查</td><td>1. 发际和眉毛是否沾上粉底霜；2. 双眉是否对称；3. 胭脂是否涂匀；4. 妆面是否平衡；5.与穿着是否协调；6. 适当调整修改</td></tr>
</table>

2. 同学练习

将女同学分为 2 人一组，根据自己的脸型及五官的具体形状为自己化个工作妆。实训小组的成员相互评议打分，成员能自纠错误直至形成习惯。

（四）效果评价

1. 学习态度

是否以认真的态度对待训练。

2. 技能掌握

是否将理论与实践有机结合，独立完成整个过程。

3. 职业情感

是否理解老年服务从业人员淡妆上岗的意义。

4. 团队精神

练习过程中是否积极参与、团结互助、相互指导、共同协作。

思考题

1. 学习仪容礼仪的重要性有哪些？
2. 老年服务从业人员的仪容有何特殊性？
3. 老年服务从业人员化妆的原则是什么？

模块七

得体的着装服饰

学习目标

1. 能够了解着装、配饰的基本原则。
2. 能够认知老年服务从业人员着装、配饰的要求。
3. 能够掌握老年服务从业人员着装、配饰训练的方法。

案例导入

养老院的管理人员到某校挑选优秀实习学生。面试当天，学校要求参与面试的学生穿养老护理服。学生王某为了吸引面试官对自己的关注，头发用几个亮晶晶的发卡装饰，左手上戴着漂亮的黄金手镯，右手戴了手表，耳朵上戴着一对闪闪发光的大耳环，手指上涂了黑色的指甲油。由于时间匆忙，踩着昨天被雨淋湿满是泥点的皮鞋就来到了现场。面试官看到王某的打扮，笑着摇了摇头。

思考题

1. 本案例中，面试官为什么会觉得王某的打扮很怪异？
2. 在老年服务工作中，我们应如何注意自己的服饰礼仪？

整洁美观的服饰是人们改变自己或烘托自己的最好、使用最频繁的“武器”。早在 1972 年，世界著名心理学家及讲演大师肯利教授就发现了着装是一个强烈、显著的信号，并告诉人们一个原则：服装只要运用得当，就是最有利的沟通工具之一，也是最便捷的人际交往“名片”。进一步通过的实验也证实，不同的着装能让我们得到不同的待遇。假如穿戴像一个成功的人，就能在各种场合得到应有的尊敬和善待。肯利教授最后指出，在任何事业上，成功穿着能够帮助我们获得更大成功。

因此我们要学会运用服饰这一武器来“武装”自己，获得成功。

任务一　掌握着装的基本原则

一、服装的类型和着装原则

（一）服装的类别

不同社交场合，对服装的要求是不同的，比如参加宴会、晚会等重要社交活动的服装与郊游、运动或居家休息的服装，就有很大区别。为了着装得体，就要了解在什么场合应穿什么衣服，什么服装适合在什么场合穿。

1. 正式服装

正式服装用于参加婚葬仪式、会客、拜访、社交场合。这类服装式样，一般是根据穿用的目的、时间、地点而定的。现在的正式服装正在简化，但是保持着它的美感和庄重感。在穿着正式服装时，要注意与自身条件相协调，并慎重选择款式和面料，才能得体。

夜礼服：用于晚间宴会或外交场合，有正式、略式之分，在款式上没有固定的格式，但都有高格调和正统感。欧洲女士夜礼服的特点是露出肩、胸，有无袖、紧领、长袖的式样，长至脚边。多选用丝绸、软缎、织锦缎、麻、丝等面料加工制作。如果装饰物合理，会显得格外漂亮雅致。夜礼服只能在特定的时间、场合穿。

午后礼服：这是在下午比较正式的拜访、宴会场合穿用的礼服。有正式、非正式之分。正式的用于参加婚礼、宴会等场合，非正式的可用于外出或拜访。裙子一般较长，款式不固定，格调高雅、华贵。典型的午后礼服要配戴帽子、提包，还要佩戴项链。

正式服装中还有晚会服、酒会服、婚礼服等。参加结婚仪式的宾客应穿正式的酒会礼服，气氛轻松，穿丝绸类套装、连衣裙等以示对主人的尊重，其次表明结婚仪式的庄重，但应注意色彩不要过于抢眼，以免喧宾夺主。

2. 便装

便装指平常穿的服装，使用范围广泛，根据不同的用途和环境，便装又分很多种。街市服比礼服随便得多，例如上街购物、看影剧、会见朋友等可以穿着。便装在很大程度上受流行趋势影响，是时装的重要组成部分。每个人可根据自己的爱好及自身的客观条件选择各式各样的街市服，但穿着时一定要注意到它是否符合将要去的环境与气氛。面料可用毛、丝绸、化纤等，并可根据季节的变化而变换。

旅游服、运动服等依据具体情况做准备，重要的是舒适、实用、便于行动。

家庭装与家庭的气氛相称。在家里要做家务，还要休息，以便养精蓄锐，所以家庭装应随便、舒适，格调轻松活泼。早晚穿着的有晨衣、睡衣等，但不能穿这类服装会客。

3. 补正装

补正装指贴身服装，可以起到保温、吸汗、防污垢、保持身体清洁的作用，还能成为外衣的配衬，使外衣显得更美。补正装包括胸衣、围腰、衬裙、马甲等，其主要作用是调整或保护体型，使得外衣的形状更加完美。这种服装，应选伸缩性能好，有弹性的面料。

4. 职业装

职业装即工作服装，适合各自职业的性质及工作环境，实用又便于活动，给人整齐划一，美观整洁之感，能振奋人心，增强职业自豪感。如果是旅游接待人员的工作服，应便于人体的各部分活动，自然得体大方；而作为教师，其职业服装应显出端庄、严谨并富有亲和力的特征。

（二）着装的原则

每个人的着装，应根据自身的职业、气质、体型、情趣等选择适合自己的服饰。基于以上要求，着装时应遵循以下原则。

1. TPO 原则

TPO 原则是目前世界上通用的，并已被认可的着装协调的国际标准。T（Time）代表时间、季节、时令、时代；P（Place）代表地点、场合、职位；O（Object）代表目的、对象。着装的 TPO 原则是世界通行的着装打扮的最基本的原则。它要求人们的服饰应力求和谐，以和谐为美。着装要与时间、季节相吻合，符合时令；要与所处场合环境，与不同国家、区域、民族的不同习俗相吻合；符合着装人的身份；要根据不同的交往目的、交往对象选择服饰，给人留下良好的印象。

（1）T（Time）原则。服饰的时间原则，它是指在不同的时代、不同的季节、不同的时间应穿不同的服装。

（2）P（Place）原则。服饰的地点原则实际上是指环境原则，它是指不同的工作环境、不同的社交场面，着装要有所不同。着装还要根据环境场合的变化而变化，上班时不必穿高档服装，不能过于艳丽、裸露，而是穿端庄大方的西装、衬衫、套裙比较适合；上街不可穿居家服、睡衣睡裤；探亲访友着装应沉稳；去医院看望病人，应随意大方；郊游运动，应轻松随便；晚会舞会则可鲜艳华丽。

（3）O（Object）原则。服饰的场合原则就是指服饰要与穿着场合的气氛相和谐。社交中，不同场合有不同的着装要求。这里主要介绍喜庆欢乐场合、隆重庄严的场合、华丽高雅场合和悲伤肃穆的场合的穿着要求。

喜庆欢乐的场合包括庆祝会、欢乐会、生日、婚日纪念活动、婚礼聚会等。喜庆欢乐场合的穿着应与人们高兴、快乐、兴奋的情绪协调，女士可以穿得色彩鲜艳、丰富一些，款式也可以新颖一些，以烘托活跃欢乐的气氛。太深沉的色彩和太古板的款式都不太适宜。男士虽不能像女士那样穿红着绿，但白色或浅色西装、花色漂亮醒目的领带，均可以拿出来潇洒一番，以表现男士轻松愉快的心情。

隆重庄严的场合，如开幕闭幕式、签字仪式、出席重要的或高层次会议、重要的会见活动、新闻发布会等。这种场合是正式的，要特别注意个人的公众形象和媒介形象，注意仪表，衬托隆重庄严的气氛，所以不能穿得太随便。男士们应西装革履，正规、配套、整齐、洁净、一丝不苟，这是个人仪表形象的原则；女士不要花里胡哨、松松垮垮、随随便便，也应穿上套装或较为素雅端庄的连衣裙，体现职业女士在正规场合的风范。

华丽高雅的场合，多半为晚上举办的正式社交活动，如正式宴会、酒会、招待会、舞会、音乐会等。在这种场合女士的着装应较为华丽高贵，有责任把自己打扮得漂亮一点，显示出美好的气质和修养。可以穿连衣长裙、套裙，面料要华丽，质地要好，色彩应单纯（最好为单色）。服装可以有花边装饰，也可以用胸针、项链、耳环、小巧漂亮的坤包点缀。式样简洁的华丽裙装，更能体现一种脱俗美。男士们穿着深色西服，从头到脚修饰一新，就可以步入华丽高雅的场合。

悲伤肃穆的场合，如吊唁活动和葬礼。这时的服装色彩不能太刺眼，款式不能太引人注目。到这种场合来的人，应该抱着沉痛的心、肃穆的情绪，为亡故者而来，而不是来展示个人的自我形象，因此在着装上应避免突出个性，表现自我，而是将自我的个性糅进这种特殊场合的群体氛围之中。男士可以穿黑色或深色西装配白衬衣、黑领带；女士不抹口红、不戴装饰品、不用鲜艳的花手绢，全身衣装是深色或素色。使外表的肃穆与内心的沉痛协调统一起来。

2. 协调原则

所谓穿着的协调，是指一个人的穿着要与他的年龄、体形、职业和所处的场合等吻合，表现出一种和谐，这种和谐能给人以美感。具体的表现如下。

首先，穿着要和年龄相协调。在穿着上要注意你的年龄，与年龄相协调。不管青年人还是老年人，都有权利打扮自己，但是在打扮时要注意，不同年龄的人有不同的穿着要求。年轻人应穿着鲜艳、活泼、随意一些，这样可以充分体现出青年人的朝气和蓬勃向上的青春之美。而中老年人的着装则要注意庄重、雅致、整洁，体现出成熟和稳重，透出那种年轻人所没有的成熟美。因此，无论你是青年、中年还是老年，只要你的穿着与年龄相协调，那么都会使你显出独特的美。

其次，穿着要与体形相协调。关于人体美的标准，古今中外众说纷纭。有关专家综合我国人口的健美标准，提出两性不同的体形标准。女性的标准体形是：骨骼匀称、适度。具体表现为：站立时头颈、躯干和脚的纵轴在同一垂直线上。肩稍宽，四肢比例以及头、颈、胸的比例，以肚脐为界，上下身的比例符合“黄金分割”的 1.618∶1，也可近似用 8∶5 来表示。然而，在现实生活中，并非每个人的体形都十分理想，人们或多或少地存在着形体上的不完美。若能根据自己的体形挑选合适的服装，扬长避短，则能实现服装美和人体美的和谐、统一。

一般来说，身材较高的人，上衣应适当加长，配以低圆领或宽大而蓬松的袖子，宽大的裙子、衬衣，这样能给人以“矮”的感觉，衣服颜色上最好选择深色、单色或柔和的颜色；身材较矮的人，不宜穿大花图案或宽格条纹的服装，最好选择浅色的套装，上衣应稍短一些，使腿比上身突出，服装款式以简单直线为宜，上下颜色应保持一致；体形较胖的人应选择小花纹、直条纹的衣料，最好是冷色调，以达到显“瘦”的效果，在款式上，胖人要力求简洁，中腰略收，后背扎一中缝为好，不宜采用关门领，以“V”形领为最佳；体型较瘦的人应选择色彩鲜明、大花图案以及方格、横格的衣料，给人以宽阔、健壮的视觉效果，在款式上，瘦人应当选择尺寸宽大、上下分割花纹、有变化的、较复杂的、质地不太软的衣服，切忌穿紧身衣裤，也不要穿深色的衣服。另外，肤色较深的人穿浅色服装，会获得健美的色彩效果，肤色较白的人穿深色服装，更能显出皮肤的细洁柔嫩。

再次，穿着要和职业相谐调。穿着除了要和身材、体形协调之外，还要与你的职业相谐调。这一点非常重要，不同的职业有不同的穿着要求。例如，教师、干部一般要穿着庄重，可以给人留下一个良好的印象；医生穿着要力求显得稳重和富有经验，一般不宜穿着过于时髦给人以轻浮的感觉，这样不利于对病人进行治疗；青少年学生穿着要朴实、大方、整洁，不要过于成人化；而演员、艺术家则可以根据他们的职业特点，穿得时尚一些。

最后，穿着要和环境相协调。穿着还要与你所处的环境相协调。办公室是一个很严肃的地方，因此在穿着上就应整齐、庄重一些。外出旅游，穿着应以轻装为宜，力求宽松、舒适，方便运动。平日居家，可以穿着随便一些，但如有客人来访，应请客人稍坐，自己立即穿着整齐，如果只穿内衣内裤来接待客人，那就显得失礼了。除此之外，在一些较为特殊的场合，还有一些专门的穿着要求。例如，在喜庆场合不宜穿得太素雅、古板；庄重的场合不能穿得太宽松、随便；悲伤场合不能穿得太鲜艳等。对于这些穿着要求，我们在下面还要作具体的介绍。

3. 个性原则

这里有两层含义：穿着对象和交际对象。也就是说，你的穿着既要适合自己，能表现自己的个性风格，又要对应别人，与交际对象保持协调一致。要穿得自然得体，就得根据自己的高矮胖瘦，选择不同质地、颜色、款式的服装加以调整。

着装还受容貌肤色、年龄、职业、性格等多种因素的影响。

另外，在一些重大的社交场合，穿着在表现自我的同时，还必须与他人保持一致。曾有一位企业家去会见前来考察的一家德国企业代表，由于天气很热，他便像往常一样，穿着汗衫、短裤和凉鞋去了。岂料对方见到他后立刻露出不悦的神色，没谈几句就起身告辞了。因为国外在这种重要场合，彼此都要西装革履，否则就显得失礼。因此在与人约见之前，一定要仔细考虑对方可能的穿着，并加以对应。这样才能迅速缩短对方的心理距离，博得好感和信任。

4. 色彩原则

色彩，是服装留给人们记忆最深的印象之一，而且在很大程度上也是服装穿着成败的关键所在。色彩对他人的刺激最快速、最强烈、最深刻，所以被称为“服装之第一可视物”。

小贴士

服装色彩的象征

一般来讲，不同色彩的服饰在不同的场合所产生的效果是不同的，为此，我们需要对色彩的象征性有一定的了解。

黑色，象征神秘、悲哀、静寂、死亡，或者刚强、坚定、冷峻；

白色，象征纯洁、明亮、朴素、神圣、高雅、恬淡，或者空虚、无望；

黄色，象征炽热、光明、庄严、明丽、希望、高贵、权威；

大红，象征活力、热烈、激情、奔放、喜庆、福禄、爱情、革命；

粉红，象征柔和、温馨、温情；

紫色，象征谦和、平静、沉稳、亲切；

绿色，象征生命、新鲜、青春、新生、自然、朝气；

浅蓝，象征纯洁、清爽、文静、梦幻；

深蓝，象征自信、沉静、平静、深邃；

灰色，中间色，象征中立、和气、文雅。

人们在穿着服装时，在色彩的选择上既要考虑个性、爱好、季节，又要兼顾他人的观感和所处的场合。所以明代卫泳在《缘饰》中说：春服宜清，夏服宜爽，秋服宜雅，冬服宜艳；见客宜重装；远行宜淡服；花下宜素服；对雪宜丽服。古人对服饰的讲究的确值得我们借鉴。

对一般人而言，在服装的色彩上要想获得成功，最重要的是掌握色彩的特性、色彩的搭配以及正装色彩的选择三个方面。

（1）色彩的特性。色彩具有冷暖、轻重、缩扩等特性。

色彩的冷暖。使人产生温暖、热烈、兴奋之感的色彩为暖色，如红色、黄色；使人有寒冷、抑制、平静之感的色彩叫冷色，如蓝色、黑色、绿色。

色彩的轻重。色彩明暗变化程度，被称为明度。不同明度的色彩往往给人以轻重不同的感觉。色彩越浅，明度越强，它使人有上升之感、轻感。色彩越深，明度越弱，它使人有下垂之感、重感。人们平日的着装，通常讲究上浅下深。

色彩的缩扩。色彩的波长不同给人收缩或扩张的感觉有所不同。一般来讲，冷色、深色属收缩色，暖色、浅色则为扩张色。运用到服装上，前者使人苗条，后者使人丰满，二者皆可使人在形体方面避短扬长，运用不当则会在形体上出丑露怯。

（2）色彩的搭配。色彩的搭配主要有统一法、对比法、呼应法。

①统一法。即配色时尽量采用同一色系之中各种明度不同的色彩，按照深浅不同的程度搭配，以便创造出和谐感。例如穿西服按照统一法可以选择这样搭配，如果采用灰色色系，可以由外向内逐渐变浅，深灰色西服——浅灰底花纹的领带——白色衬衫。这种方法适用于工作场合或庄重的社交场合的着装配色。

②对比法。即在配色时运用冷色、深色，明暗两种特性相反的色彩进行组合的方法。它可以使着装在色彩上反差强烈，静中求动，突出个性。但有一点要注意，运用对比法时忌讳上下 1/2 对比，否则会给人以“拦腰一刀”的感觉，要找到黄金分割点即身高的 1/3 点上（即穿衬衣从上往下第四、第五个扣子之间），这样才有美感。

③呼应法。即在配色时，在某些相关部位刻意采用同一色彩，以便使其遥相呼应，产生美感。例如在社交场合穿西服的男士讲究“三一律”。所谓“三一律”就是男士在正式场合时应使公文包、腰带、皮鞋的色彩相同，即为此法的运用。

（3）正装的色彩。非正式场合所穿的便装，色彩上要求不高，往往可以听任自便，而正式场合穿的服装，其色彩却要多加注意。总体上要求正装色彩应当以少为宜，最好将其控制在三种色彩之内。这样有助于保持正装保守的总体风格，显得简洁、和谐。正装若超过三种色彩则给人以繁杂、低俗之感。正装色彩，一般应为单色、深色并且无图案。最标准的正装色彩是蓝色、灰色、棕色、黑色。衬衣的色彩最佳为白色，皮鞋、袜子、公文包的色彩宜为深色（黑色最为常见）。

此外，肤色也关系到着装的色彩，浅黄色皮肤者，也就是我们所说的皮肤白净的人，对颜色的选择性不那么强，穿什么颜色的衣服都合适，尤其是穿不加配色的黑色衣裤，则会显得更加动人。暗黄或浅褐色皮肤，也就是皮肤较黑的人，要尽量避免穿深色服装，特别是深褐色、黑紫色的服装。一般来说，这类肤色的人选择红色、黄色的服装比较合适。肤色呈病黄或苍白的人，最好不要穿紫红色的服装，以免使其脸色呈现出黄绿色，加重病态感；皮肤黑中透红的人，则应避免穿红、浅绿等颜色的服装，而应穿浅黄、白等颜色的服装。

二、饰品的类型和佩戴的原则

（一）饰品类型

依据不同的划分标准，饰品有很多种分类方法，下面介绍“按佩戴部位不同”进行的分类。

1. 头饰

主要指用在头发四周及耳、鼻等部位的装饰。具体分为以下几项。

（1）太阳帽、太阳镜、卡通口罩、发饰。发饰包括发夹、头花、发梳、发冠、发簪、发罩、发束等。

（2）耳饰，包括耳环、耳坠、耳钉、耳罩等。

（3）鼻饰，多为鼻环。

2. 胸饰

主要是用在颈、胸背、肩等处的装饰。具体分为以下几项。

（1）颈饰，包括各式各样的项链、项圈、丝巾、围巾、长毛衣链等。

（2）胸饰，包括胸针、胸花、胸章等。

（3）腰饰，如腰链、腰带、腰巾等。

（4）肩饰，多为披肩之类的装饰品。

3. 手饰

主要是用在手指、手腕、手臂上的装饰。包括手镯、手链、臂环、戒指、指环之类，有时候我们也将手表视为手饰的一种。

4. 脚饰

主要是用在脚踝、大腿、小腿的装饰。常见的是脚链、脚镯，广义上还可以包括各种具有装饰性的长筒丝袜、袜子、鞋子。

5. 挂饰

主要是用在服装上，或随身携带的装饰。比如纽扣、钥匙扣、手机链、手机挂饰、包饰等。

（二）佩戴原则

1. 季节原则

饰品佩戴应考虑一年四季有别的原则。夏季以佩戴色彩鲜艳的工艺仿制品为好，可以体现夏日的浪漫；冬季则佩戴一些金、银、珍珠等饰品为好，可以显现庄重典雅。

2. 场合原则

佩戴饰物，应与所处的环境、场合相适应。一般来说，只有在社交场合或休闲场合，老年服务从业人员才能佩戴饰物，而在为老年人服务过程中、进行运动或旅游时则不宜戴首饰。

3. 服饰协调原则

饰品佩戴应与服饰相配。一般领口较低的袒肩服饰必须配项链，而竖领上装可以不戴项链。项链色彩最好与衣服颜色相协调。穿运动服或工作服时可以不戴项链和耳环。带坠子的耳环忌与工作服相配。

4. 体型相配原则

脖子粗短者，不宜戴多串式项链，而应戴长项链；相反，脖子较瘦细者，可以戴多串式项链，以缩短脖子长度。宽脸、圆脸型和戴眼镜的女士，少戴或不戴大耳环和圆形耳环。

5. 年龄吻合原则

年轻女士可以戴一些夸张的无多大价值的工艺饰品；相反，年纪较大的妇女应戴一些较贵重的比较精致的饰品，这样显得庄重、高雅。

6. 色彩原则

戴饰品时，应力求同色，若同时佩戴两件或两件以上饰品，应使色彩一致或与主色调一致，千万不要打扮得色彩斑斓，像棵“圣诞树”。

7. 简洁原则

戴首饰时，数量上的原则是以少为佳，点到为止。一般来说，女性老年服务从业人员可戴多种首饰，而男性老年服务从业人员所适宜佩戴的只有结婚戒指一种。具体而言，女性老年服务从业人员在佩戴首饰要遵守的一项重要规则，就是在公共场合中首饰至多不能超过 3 件，而且场合越正规，适宜其佩戴的首饰就应当越少。

因此，佩戴饰品时，应根据以上几个原则，选择出一件或两件最适合的饰品，以达到画龙点睛之效。由于服饰是一个整体，服装与服装、服装与饰物、饰物与饰物三者之间在款式、材料和色泽上的成功配套是服饰美化成功的基础。

任务二 护理人员着装和配饰的要求

一、基本着装原则

老年服务从业人员的外在美表现在仪表美与服饰美方面，通过规范的着装能充分显示出老年服务从业人员饱满的精神面貌和积极向上的职业素养。由此可增进与老人的关系，利于老人对老年服务从业人员产生信任感，主动配合工作。因此在老年服务工作中，从业人员应穿指定的工作服，并按着装原则严格要求自己，以利于工作的顺利开展。

（一）工作时穿工作服

老年服务从业人员在工作中穿工作服可以体现精神风貌。醒目的工作服是老人识别老年服务从业人员的主要标志，着工作服，是对自己职业热爱和对老人尊重的具体表现。老年服务工作服的庄重、典雅，使老年服务从业人员自然而然产生一种职业的责任感、自豪感；护士服的美观、大方、清洁、合体，能充分展示出护士沉稳、平和、干练、敬业的风采。

（二）佩戴胸牌

老年服务从业人员工作需严谨认真，穿工作服时必须佩戴工作牌。工作牌上应附有本人照片，清晰地注明护士的姓名、职称、职务及所在部门，便于老人识认、问询、监督老年服务从业人员，同时可督促老年服务工作人员工作认真、负责，并鼓励其高质量地为老人服务。佩戴工作牌应保持工作牌整洁、无破损，端正地戴在左胸上方。如有破损应及时更换，不可随意佩戴他人的工作牌。

（三）清洁齐整

规范、统一、清洁和整齐的工作服体现着老年服务职业的严谨性、科学性、艺术性，体现着老年服务从业人员的尊严和责任，规范的着装向社会展示着老年服务从业人员严谨、自信、优雅、庄重、诚信的工作作风。由于老年服务从业人员工作以技能操作为特点，工作要求迅速、准确、安全，因此老年服务从业人员的工作服设计应简洁、大方，便于进行各项操作，而且端庄的外表可增加老人的信任感。

二、护士服

由于老年服务工作与护理工作有着相近的工作特点和要求，因此老年服务的工作服饰，一般采用护士服或者相近的服装。

（一）衣帽端正，发饰素雅

护士帽无声地表达着老年服务从业人员的神圣使命。护士帽有两种：燕帽和圆帽。戴燕帽时，长发要将头发挽成发髻于脑后，盘起后头发不过后衣领，发髻可用发卡、网套或头花固定；短发要前不遮眉、后不过肩、侧不掩耳，且发饰素雅、端庄，燕帽应保持挺立、平整无皱，距前额发际 4～5 厘米戴正戴稳，并用白色发卡固定于两翼后；戴圆帽时，头发应全部放在圆帽内，帽子接缝置于脑后正中，边缘要平整，帽檐前不遮眉，后不露发迹，如是短发可直接戴圆帽，如是长发，先用发卡或网套固定后再戴好，以防头发滑脱出帽外。

（二）着装适体，符合要求

护士服是神圣的职业象征，是艺术美的具体表现，具有很强的感染力。护士服多为连衣裙式，主要以白色为主基调，在此基础上根据病人的心理、年龄特点增加了淡蓝色、淡粉色、淡绿色、橄榄绿色等，款式也在经典样式的基础上根据护理工作性质、特点的不同有所区别，有连体护士服与分体护士服两种，又有冬、夏之分。

护士服款式要简洁、美观，穿着合体，利于护理操作，宜选用厚薄适中、平整且透气，便于清洗、消毒的面料。穿长袖护士服时要求尺寸合身，衣长过膝. 袖长至腕为宜，腰部的腰带调整，宽松适度，不穿帽衫，内衣衣领不应外露，颜色以浅色调为佳，领口、袖口要扣好。禁止用胶布或别针代替衣扣，护士服应勤洗、勤换。

（三）正确佩戴口罩

口罩的佩戴要求大小合适，能遮住口鼻。具体要求是：首先将口罩端正地罩于鼻上，系带绕过两耳后系于颌下，或将口罩两耳挂于两耳后，松紧适宜。不可露出口鼻，使用时应注意保持口罩清洁。口罩不使用时可将其装入干净的袋中备用，不可挂于耳上、胸前或放入不洁净的口袋中。一次性口罩不可反复使用，注意及时更换。

三、无菌服

因特殊护理工作要求，如护理有传染病的老人时，需要穿着无菌工作服。无菌工作服的款式为中长大衣，后开背系带式，袖口为松紧式或条带式。穿着前应彻底洗净双手，衣服的穿、脱应在戴有手套的同事帮忙下进行。穿无菌工作服时，应佩戴圆筒帽，帽子内塞严头发，必要时用发网或发夹固定，要求前不遮眉，后不露发际。同时还要佩戴一次性口罩和手套。

一次性口罩的佩戴方法与普通口罩相同。需要注意的是，在工作过程中，不可用已污染的手接触一次性口罩，口罩潮湿时，为避免病原微生物的透入应立即更换。

穿着无菌工作服时佩戴的手套应为带弹力完全贴合双手的乳胶手套，以避免病菌的进入。

无菌工作服、一次性口罩和手套在使用完毕后应用专门的塑料袋或垃圾桶装好并立即送往环卫部门或卫生部门做彻底无害化处理。

四、配饰

护理人员在工作中不可以佩戴饰品。配饰不仅会妨碍工作，也是交叉感染的媒介体，在护理工作进行时还可能会划伤老人、划破手套、脱落污染，不便于手部的清洁消毒。因此，护理人员要求一律不佩戴首饰、耳环或其他配饰。

任务三　行政人员等着装和服饰的要求

一、男士着装要求

（一）男士西装的选择与穿着

西装是男士最常见的办公服，也是现代交际中男子最得体的着装。国外很多机构，包括一些大企业，规定工作人员不能穿西装短裤、运动服上班，要求男士必须穿西服打领带。一些剧院也规定了观看者必须西装革履，为了塑造良好的个人形象，男士必须学会穿西装。

国内一家养老院的院长叶明，经过多方努力和上级有关部门的牵线搭桥终于使一家德国著名的养老服务机构同意与自己的养老院合作。谈判时为了给对方留下精明能干、时尚新潮的好印象，叶明上身穿了一件 T 恤衫，下穿一条牛仔裤，脚穿一双旅游鞋。当他精神抖擞、兴高采烈地带着秘书出现在对方面前时，对方瞪着不解的眼睛看着他上下打量了半天，非常不满意。这次合作没能成功。可见，有些场合时尚新潮并不合适。

1. 男士西装的选择

首先要选择合适的款式。西装的款式可分为英国、美国、欧洲三大流派。尽管西装在款式上有流派之分，但是各流派之间差异并不很大，只是在后开衩的部位、扣是单排还是双排、领子的宽窄等方面有所不同。不过，在胸围、腰围的胖瘦，肩的宽窄上还是有所变化的。因此，我们在选择西装时，要充分考虑到自己的身高、体形，如身材较胖的人最好不要选择瘦型短西装；身材较矮者要避免穿上衣较长、肩较宽的双排扣西装。

其次要选择合适的面料和颜色。作正式礼服用的西装可采用深色如黑色、深蓝、深灰等颜色的全毛面料制作。日常穿的西装颜色可以有所变化，面料也可以不必讲究，但必须熨烫挺括。如果穿着皱巴巴的西装，是会损坏自己的交际形象的。

再次要选择合适的衬衣。穿着西装时一定要穿带领的衬衣；花衬衣配单色的西装效果比较好，单色的衬衣配条纹或带格西装比较合适。

最后要选择合适的领带。在交际场合穿西装必须要打领带，领带的颜色、花纹和款式要与所穿的西装相协调。领带的面料以真丝为最优。在领带颜色的选择上，杂色西装应配单色领带，而单色西装则应配花纹领带。

2. 男士西装的穿着

一是要穿衬衣。穿西装必须要穿长袖衬衣，衬领硬括，外露的部分一定要平整干净。衣服下摆要掖在裤子里，领子不要翻在西装外，衬衣长于西装袖。

二是要注意内衣不可过多。穿西装切忌穿过多内衣。衬衣内穿背心即可，如果确实需要穿内衣的话，内衣的领圈和袖口也一定不要露出来。如果天气较冷，衬衣外面还可以穿上一件毛衣或毛背心，但毛衣一定要紧身，不要过于宽松，以免穿上显得过于臃肿，影响穿西装的效果。

三是要打好领带。在比较正式的社交场合，穿西装应系好领带。领带有简易和复杂之分。领带的长度要适当，以达到皮带扣处为宜。如果穿毛衣或毛背心，应将领带下部放在毛衣领口内。系领带时，衬衣的第一个纽扣要扣好，如果佩戴领带夹，一般应在衬衣的第四、第五个纽扣之间。

四是要鞋袜整齐。穿西装一定要穿皮鞋，而不能穿布鞋或旅游鞋。皮鞋的颜色要与西装相配套。皮鞋应保持清洁。穿皮鞋还要配上合适的袜子，袜子的颜色要比西装稍深一些。

五要扣好扣子。西装上衣可以敞开穿，但双排扣西装上衣一般不要敞开穿。在扣西装扣子时，如果穿的是两个扣子的西装，不要把两个扣子都扣上，一般只扣一个。如果是三个扣子只扣中间一个。西装裤兜内不宜放沉东西。

（二）领带的佩戴要求

领带颜色要注意与西装、衬衫颜色搭配，尤其是领带应该与衬衫统一色系，如暖色的衬衫配暖色的领带，冷色的衬衫配冷色的领带。衬衫上有条纹或格子，领带上就不要有条纹或格子，或仅有含蓄的条纹与格子。另外，丝质的领带是上班唯一的选择。

注意领带的打法，打结要求挺括、端正，外观呈倒三角形，领带的长度以到皮带扣处为宜。一般来说，常见的领带打法有以下几种。

1. 平结（四手结）

平结（四手结）为男士选用最多的领结之一，是所有领结中最简单易学的，适用于各种款式的浪漫系列衬衫及各种材质的领带（图 7-1）。

平结打法要诀：领结下方所形成的凹洞要两边均匀且对称。

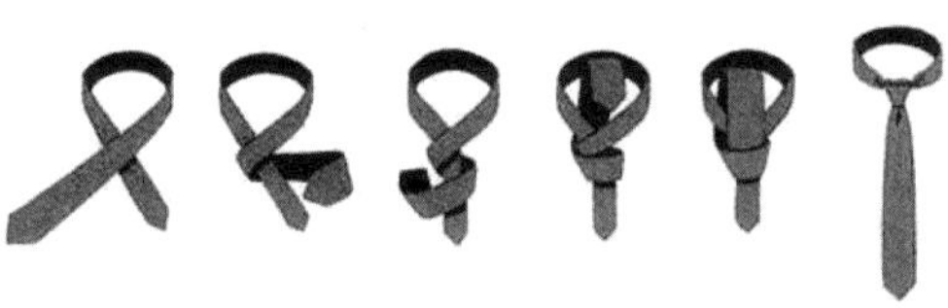

图 7-1 平结

2. 交叉结

这是对于单色素雅质料且较薄领带适合选用的领结。对于喜欢展现流行感的男士不妨多加使用“交叉结”（图 7-2）。

图 7-2 交叉结

3. 双环结（亚伯特王子结）

双环结适合用于浪漫扣领及尖领系列衬衫，搭配浪漫质料柔软的细款领带。一条质地细致的领带再搭配上双环结能够营造出时尚感，适合年轻的上班族选用。

双环结打法的注意要点：在宽边先预留较长的空间，并在绕第二圈时尽量贴合在一起，双环结完成的特色就是第一圈会稍露出于第二圈之外，注意不要刻意将其盖住（图 7-3）。

图 7-3　双环结

4. 温莎结

温莎结适合用于宽领型的衬衫，该领结应多往横向发展。该种领结应避免使用材质过厚的领带，领结也勿打得过大（图 7-4）。

图 7-4　温莎结

二、女士着装要求

女士服装应讲究配套，款式较简洁，色彩较单纯，以充分表现出女士的精明强干，落落大方。

（一）女士西装

女士西装式样较多，它的领型就有西装“V”形领、青果领、披肩领等；款式有单排扣、双排扣；衣长也有变化，或短至齐腰处，或长至大腿；造型上有宽松的、束腰的，还可有各种图案的镶拼组合。女士西装有衣裤相配的套装，也有衣裙相配的套裙。在社交场合无论西服套装或西服套裙款式都宜简洁大方，避免过分的花哨和夸张。

女士西服套装给人以精明干练，富有权威的感觉，显得比较严肃，更适合成熟的女士或职位较高的女领导工作时穿，而西服套装则成为社交中女士普遍适用的服装。

西服套裙的上装是西装，下装是腰裙，如西装裙、喇叭裙、百褶裙等。交际中西服套裙的面料应是高档面料，如夏季用丝绸，华贵柔美；春秋用各类毛料，考究挺括；冬季用羊绒或毛呢织物，高贵典雅。西服套裙的色彩应呈中性，也可偏暗，一色的面料适宜，各种条子、格子、点子面料也常用。西服套裙上下一色显得端庄，有成熟感；色彩上浅下深或上深下浅，式样上简下繁或上繁下简，花色或上轻下杂上杂下轻，可以搭配出动感和活力，适合女士在不同场合穿出不同的风貌。

（二）女士连衣裙

连衣裙是上衣和裙子的结合，它不但能尽显女士特有的恬静和妩媚，而且穿着便捷、舒适。连衣裙也可与西装外套等组合搭配，提高服装的使用率。连衣裙的造型丰富多彩，有前开襟、后开襟、全开襟和半开襟的；有紧身的、宽松的、喇叭形、三角形、倒三角形的；有无领的、有领的；有方领的、尖领的、圆领的；有超短的、过膝的、拖地的等，它们为各种身材的女士在不同场合提供了大量的选择。

穿着连衣裙时应以个人爱好、流行时尚而定，但交际场合时连衣裙还应以大方典雅为宜。单色连衣裙在大多数场合效果都很好，点、条、格等面料的连衣裙图案也要力求简洁。穿连衣裙要注意避免受潮流的影响，同时还要考虑环境场合在这方面，无论是名人，还是普通人，均要特别注意。

程冰如遭遇尴尬

2002 年，著名表演家艺术程冰如在香港遭遇了着装带给他的窘境。那次境遇让程冰如改变了一成不变的老观念：穿衣服确实不能忽视场合。当时，正在香港的某影星获悉程冰如也到了香港，邀请他出席胞兄的画展，并嘱咐他一定去帮忙“捧场”。程冰如到展厅的时间不早不晚，展厅里的人熙熙攘攘，程冰如深深感到人们的装束都很得体，而自己的一身打扮实在有失体面。

程冰如回忆起当时的情景还感慨不已：“我身边的几位老总穿得都很到位：精制西装，风度翩翩，头发抹得光亮整齐，整齐得能看出梳子在头发上划过的一绺绺痕迹。那些明星一头短发，上衣的两个大尖领，像两把刀一样伸向两肩，腴白的脖子上是金光闪闪的小珠子项链。胡慧中身穿明艳的晚礼服，黑色套头衫，显得那么帅气，那么干练。我呢，尽管西服料子不错，也合体，只是在香港穿了一个星期没离身，裤线早没了，上衣的兜盖不知怎么的反向了，兜口老是张着，领带呢，恰巧又忘了戴。”

从那以后，程冰如非常注意在不同时间、不同场合、不同环境的服饰穿着和饰物的搭配，使自己的形象更完美。

三、配饰的基本要求

饰物的佩戴要注意与个人的风格、服装的质地与整体形象等相一致。具体的内容如下。

（一）帽子与围巾

帽子可以遮阳，可以御寒，同时也可以给人的仪表增添各种不同的情趣美。帽子种类有许多：法式帽、西班牙式帽、宽檐帽、鸭舌帽、滑雪帽、水手帽、棒球帽等，帽子要注意与发型、脸型及服装的式样、颜色相配，还要注意与围巾相呼应。例如，简单优雅、线条流畅的圆形滚边帽下散落一头长发，最能表现出不造作的个性；而棕色的豹纹丝绒圆帽及围巾，既流行又不失沉稳。单单一条围巾也可为服装增添色彩，如一条丝巾的随意变化，或围在肩上，或挂在脖子上下垂，或在头上改变发型都会起到意想不到的效果。冬季的一条长围巾披在一边的肩膀上，也会有意想不到的美感。

（二）眼镜

眼镜不仅是实用的日常用品，也可以看成“眼睛的服饰”，眼镜的选择要适合人的脸型。正方形脸可选用稍圆或有弧度的镜片，这样可与方型脸互补，镜框顶端的位置必须凸起，远远高于下巴；长方形脸由于脸型过长，镜框必须尽可能遮住脸部中央以修短脸型，因此适合佩戴镜框较大的眼镜；圆形脸为减弱圆形的感觉，可选择有直线或有角度的镜框，黑色、咖啡色等较深色系也有改变脸型的效果；三角形脸由于前额宽、脸颊较尖，选择有细边和垂直线的镜框以平衡脸的下部，镜框不宜太高，过粗的鼻桥及深色、方形眼镜皆不合适。此外，个性也是考虑因素之一：鼻子较大要选择较大镜框来平衡；较小鼻子要戴浅色和较高鼻梁的眼镜，可使鼻子看起来较长。

（三）包

无论是男士的公文包和女士的坤包都应与所穿服装相协调，要保持包的清洁和美观。如果包中没有分隔夹层的话，可用几个小带子将物品分类。如女士的皮包中可放一些化妆品、钱、钥匙、纸巾、笔等用品，可将其分类装入不同的小袋。正式社交场合，皮包最好拿在手上，而不是背在肩上。

（四）鞋

社交场合男士一般应穿皮鞋，穿民族服装和中山装也可以穿布鞋。男士的皮鞋以黑色最为通用，样式可略保守。女士的皮鞋一般为敞口鞋或冬季的短靴，布鞋、凉鞋或长筒靴一般不适用于正式社交场合及办公场所。女士鞋的颜色也以黑色为通用，也可与服装颜色协调一致。皮鞋要求线条简洁，无过多的装饰和亮物。女士穿高跟鞋的高度一般以 3 ~ 4 厘米为宜，最高不超过 6 厘米，此外，高跟鞋的鞋跟也不可太细，以免发生危险。

（五）袜子

社交中，男士的袜子应是深色的，最好是服装与鞋的过渡色。有的人在穿西装时穿白袜子，破坏了整体的稳重感。女士穿西服套装时的袜子也是同样的道理。套裙最好连裤长袜。它比较适合各种款式的裙子，尤其是在穿一步裙、中间或两旁开衩的裙子。穿长筒袜时还要用吊袜带以免袜子松松垮垮或滑下。长袜以肉色系列最为通用。

（六）首饰

对于服饰而言，首饰起着辅助、烘托、陪衬、美化的作用。从审美的角度来看，它与服装、化妆一道被列为人们用以装饰、美化自身的三大方法之一。较于服装，它常常发挥画龙点睛的作用。

在使用首饰时宁肯不用也不要乱用，所以使用首饰要注意讲究规则：在数量上以少为佳，不超过 3 件。必要时可以一件首饰也不戴，若有意同时戴多种时，在数量上不要超过三种，除耳环、手镯外，同类首饰不要超过一件，否则会给人凌乱之感，首饰要力求简单。

在色彩上要力求同色，若同时佩戴两件或两件以上的首饰时，应使其色彩一致，戴镶嵌首饰时应使其与主色调保持一致。同时还要注意首饰的色彩与服装的色彩协调。

在身份上要服从本人的身份，与自己的性别、年龄、职业、工作环境保持大体一致，而不宜使之相去甚远。有的行业不让戴首饰，如医务工作者、宾馆服务员、厨师，这是由行业特点决定的，该行业的人员应无条件地遵守。

在体形上要使首饰为自己的体形扬长避短。选择首饰时应充分正视自己的形体特点。如脖子长的人适合戴短、粗的项链，脖子短的人适合戴细长的项链；手掌大、手指粗的人不宜戴过大或过小的戒指；手指短粗的人适合戴线条流畅的戒指，应避免戴方戒指或大嵌宝戒；手掌与手指偏小的人不适合戴大戒指，适合戴小巧玲珑的小型戒指或小钻戒，可令手指秀丽可爱。

老年服务从业人员不应佩戴戒指，但在行政工作和日常生活中可以佩戴。在佩带方法上，应注意：戒指戴在不同的手指上有不同的寓意，戴在食指上表示自己还没有男朋友，戴在中指上表示自己还在热恋，戴在无名指上表示已婚，戴在小指上表示主观上自愿独身。戒指一般戴在左手，如戴在两只手上要左右手对称。

任务四　实操与模拟

实训一：工作着装训练

（一）训练目的

熟练掌握老年服务工作各岗位服装礼仪的基本要求。

（二）训练准备

1. 环境准备

模拟老年服务更衣室及老年服务病房等环境，要求环境整洁宽敞，物品放置有序，仿真效果佳。

2. 用物准备

老年服务更衣室有醒目的指示标牌。

老年服务更衣室：设穿衣柜及服装悬挂处，挂有老年服务病房服、护士帽（圆帽及燕帽）、工作牌、口罩、护士鞋、穿衣镜、梳子、发卡、发花。

老年服务病房：设更衣室，监护室门口设清洁区域，室内换鞋或套鞋套区域。

3. 学生准备

仪表端庄、大方，淡妆，修剪指甲，不可戴首饰。

（三）训练方法

1. 训练内容

老年服务着装礼仪、老年服务从业人员举止及仪容礼仪。

2. 案例资源

老年服务从业人员服装礼仪案例：小张，长发；小王，短发。两人均为某养老院老年服务从业人员。清晨上班进入更衣室，更换工作服，戴护士帽，换护士鞋，面对穿衣镜将服饰整理好后开始工作。

3. 训练指导

以小组为单位，采取组长负责制。教师提出要求，学生进行分组练习。教师对练习过程中发现的问题给予提示，引导学生结合职业要求进行自我矫正，必要时进行个别指导。

4. 情境训练要求

（1）老年服务从业人员更换工作服装时，选择型号大小合适的服装及鞋帽，遵守卫生规定。

（2）着装时正确掌握化淡妆的技能及肢体语言的运用。

（3）掌握老年服务服饰的礼仪要求。

（四）效果评价

1. 学习态度评价

练习过程是否严谨认真，是否按要求完成训练内容；情景设计是否合理；着装是否整齐。

2. 能力发展评价

规范着装是否体现端庄稳重的职业素质。

3. 创新意识评价

学生在进行情景表演过程中是否有新意，与所饰角色是否相宜。

4. 职业情感评价

职业的满足感。

5. 团队精神评价

训练中是否精神饱满；是否热爱护理职业，是否有职业自信感；小组成员是否积极参与，认真完成实验内容；是否体现职业精神。

实训二：非工作着装训练

（一）训练目的

熟练掌握老年服务从业人员非工作时服装礼仪的基本要求。

（二）训练准备

1. 环境准备模拟

正装场合，如面试、洽谈、演讲等环境；便装场合如约会、居家等。环境整洁、宽敞、物品放置有序。

2. 用物准备

正装场合：面试洽谈场景设会议桌、椅、门、纸、笔，演讲场景设演讲台、观众席、话筒等。

3. 学生准备

仪表端庄、大方，举止得体，自备西装、领带、球鞋、皮鞋（高跟鞋、平底鞋）。

（三）训练方法

1．训练内容

在面试、洽谈、生活等场合，正确选适宜的服装，体现得体的举止及仪容礼仪。

2. 案例资源

（1）面试服装礼仪案例：小李，老年服务毕业班学生。小张，是小李的好友。今天小李要去某养老院应聘，作为好友，小张帮小李选择应聘时所穿服装（充分发挥学生的思维想象力，展现不同的审美需求），并提出建议。

（2）演讲服装礼仪案例：小王，某养老院年轻活泼的员工，善于言辞，有表现欲，因此单位推荐其参加民政部门共青团“五四”演讲活动。就参加此次活动穿什么服装他却犯难了，他想求助大家帮他作一选择。

（3）生活服装礼仪案例：小马，某养老院的工作人员，应朋友小林邀请去他家做客，小林很重视自己的朋友，所以从服装到食品上都做了精心的准备（学生可根据自己的想法展示）。

3. 训练指导

以小组为单位，采取组长负责制。学生自行发挥，进行分组演示。教师与学生共同观察，共同发现问题，学生们讨论后教师再进行补充说明。使服装的搭配符合各种场合，并能体现职业素质与个性需求，充分展示老年服务从业人员业余生活中积极向上的生活态度。

4. 情景训练要求

（1）在面试、洽谈、生活等场合，根据目的要求能选择适合场景的服装，并将个性气质与服装的协调充分展现出来。

（2）掌握老年服务从业人员生活中服饰的礼仪要求。

（四）操作规范

1. 正装的穿着

实训项目	实训要求	操作规范
正装的穿着	外观整洁	保证正装无褶皱、无残破、无脏污、无污染；无异味
	文明着装	正装穿着雅观，避免出现 4 个方面的禁忌：过分裸露、过分薄透、过分瘦小、过分艳丽
	穿着得当	严格按照各部门的规范要求去做

2. 西装的穿着

实训项目	实训要求	操作规范
西装的选择	西装的外套必须合体	上衣：过臀部；手臂伸直时，袖子的长度应达到腕部
	西裤要合体	西裤的腰围应是裤子穿好拉上拉链后、扣好裤扣后，裤腰处能正好伸进一只五指并拢的手掌；西裤穿好后，裤腿的下沿正好接触及地面，并确保裤线的笔直
	衬衫要合适	衬衫正规的是白色无花纹衬衫；衬衫领子应是扣上衬衫领子扣以后还能自由插进自己的一个食指为标准；袖子的长度与领子的高度都应比西装上衣的袖子稍长、稍高
	领带要与西装相协调	领带应为素色花纹的；西装里若穿羊毛背心、则应将领带放进背心里面；服务人员在穿着西装时最好夹上领带夹
	鞋与袜要与西装相协调	皮鞋的颜色一般应与西装的颜色相近，配深色的西装以黑色皮鞋为最好；袜子的颜色应与皮鞋的颜色相近，或者是西装颜色与皮鞋颜色的过渡色
西装的穿着要领	西装的穿着要符合规范要求，服务人员切忌触犯禁忌	西装要干净、平整，裤子要熨出裤线；衬衫领头要硬扎挺括，要保证七八成新；衬衫更要十分清洁，内衣要淡薄，衬衫里一般不要穿棉毛衣，如果穿了，不宜把领圈和袖口露在外面，天气较冷，且只可以穿一件；衬衫的下摆要均匀地塞在裤内；穿西装可以不系扣，但服务人员在正规场合需系扣。裤兜也与上衣袋一样，不可装物，以保证裤形美观；为保证西装不变形，上衣袋只作为装饰，只在必要时装褶好花式的手帕，裤兜也与上衣袋一样只作为装物，以保证裤形美观；无论衣袖还是裤边，皆不可卷起；皮鞋一定要上油擦亮

3. 女士套裙的穿着

实训项目	实训要求	操作规范
女士套裙的选择	上衣与裙子要选择适当	上衣和裙子的面料和颜色应相同；套裙的面料应以素色、无光泽为好；上衣袖子一般应到手腕（至少是短袖，不可无袖），裙子长度应触及小腿（至少应到膝盖）
	衬衫及内衣的选择也很重要	衬衫的颜色以白色为主；内衣应当柔软贴身，并且要大小适当；穿上内衣以后，不应当使它一目了然地在套裙之外展现出来
	衬裙的选择	穿套裙时，尤其是穿丝、棉、麻等薄型面料或浅色面料的套裙时应当穿衬裙
	鞋袜要与套裙相配	与套裙配套的鞋子，宜为高跟、半高跟的船式皮鞋或盖式皮鞋；袜子最好是肉色的高筒袜或连裤袜
女士套裙的穿着规范	上衣的穿着要符合规范	上衣的领子要完全翻好，衣袋的盖子要来出来盖住衣袋；上衣的衣扣必须全部系上，不允许将其部分或全部解开，更不允许当着别人的面随便将上衣脱下
	衬衫的穿着要符合规范	衬衫的下摆必须掖入裙腰之内，不得任其悬垂于外，或是直接在腰间打结；衬衫的纽扣要一一系好。除最上端的一粒纽扣按惯例允许不系外，其他纽扣均不得随意解开；衬衫在公共场合不宜直接外穿
	衬裙的穿着要符合规范	衬裙的裙腰切不可以高于套裙的裙腰，从而暴露在外；应将衬衫下摆掖入衬衫腰与套裙的腰两者之间，切不可将其掖入衬裙腰之内
	鞋袜要穿好	鞋袜应当完好无损。鞋子如果开线、裂缝、掉漆、破损，袜子如果有洞、跳丝，均应立即换掉，不要打了补丁再穿；鞋袜不可当众脱下；袜子不可随意乱穿。不能同时穿两双袜子，也不许将健美裤、九分裤当成袜子来穿；袜口不可暴露于外，在任何时候的任何姿势（无论是站着、坐着或蹲着）都应确保袜口始终在裙子下摆里

（五）效果评价

1. 学习态度评价

练习过程足否严谨认真，是否按要求完成训练内容；情景设计是否合理；着装是否整齐。

2. 能力发展评价

着装是否体现职业人非工作状态下的优秀品质。

3. 创新意识评价

在服装的选择和运用方法是否有新意、是否符合所处场景。

4. 职业情感评价

训练中是否精神饱满；是否热爱本职工作、热爱生活；是否有充分自信心和对生活健康积极的态度。

5. 团队精神评价

小组成员是否积极参与，认真完成实验内容；是否体现出团队合作精神。

思考题

1. 老年服务工作中的着装原则是什么？在工作岗位上，你应会如何着装？

2. 饰品的种类有哪些？作为老年服务从业人员，你认为在着装配饰上应注意哪些问题？

模块八

从容自信的举止

学习目标

1. 了解举止礼仪的基本要求。
2. 认知老年服务举止礼仪的基本要求。
3. 掌握老年服务举止礼仪的基本训练方法。

案例导入

她为什么不招人喜欢?

吴女士来到当地一家高端养老院应聘，她的主要工作是护理能自主活动的老人日常生活。吴女士人很开朗，喜欢与人聊天，她认为这份工作对她来说是太合适不过了。平时她就是在老人的房间打扫卫生，工作之余就喜欢和老人聊天。刚开始老人们都很喜欢吴女士，觉得有这么一个人陪他们聊天挺好的。可是慢慢地吴女士发现好像老人们不太喜欢让自己去他们房间了，有时候甚至还有催促她离开房间的意思，吴女士很郁闷。这是怎么了?

吴女士找她的上级主管反映问题，主管向她说明了原因。原来吴女士有一个习惯，喜欢坐床，不管到哪个房间就喜欢坐在别人床上，有的老人喜欢干净，就觉得心里很不舒服，但是碍于面子又不好意思直说。吴女士这才恍然大悟。

问题讨论

1. 你认为吴女士在工作中的举止有哪些不妥?
2. 老年服务从业人员应该掌握哪些举止礼仪?

举止是指人的动作和表情。日常生活中人的举手投足，并非偶然、随意的，这些行为举止自成体系，具有传达情意的功能。

举止是一种不说话的“语言”，能在很大程度上反映一个人的素质、受教育的程度及能够被别人信任的程度。在社会交往中，一个人的行为既体现他的道德修养、文化水平，又能表现出他与别人交往是否有诚意，更关系到一个人形象的塑造，甚至会影响国家及民族的形象。冰冷生硬、懒散懈怠、矫揉造作的行为，无疑有损良好的形象。相反，从容潇洒的动作，给人以清新明快的感觉；端庄含蓄的行为，给人以深沉稳健的印象；坦率的微笑，则使人赏心悦目。因此，我们在交往中应该使自己成为举止优美的人。

在老年服务过程中，从业人员的行为举止尤为重要。在面对老人及老人家属时，恰到好处的举止，无疑会给服务对象留下深刻的印象，从而更利于日常工作的开展。在老年服务过程中，我们要注重行为举止礼仪，应注意以下两点原则。

1. 举止得体

一个人优雅的举止，不是为了应付某种场合硬装出来的，而是在日常生活中修养自然形成，是一种长期熏陶的结果。在老年服务过程中，面对我们的服务对象，面对老人及家属，我们要时常有意识地调整、训练个人的行为举止，从最基本的站、坐、行、蹲等做起，给人留下良好的印象。

2. 交往适度

在日常的人际交往过程中，过与不及都是不合适的，懂得与对方的空间距离十分必要。与他们打交道时保持的距离往往是由双方的关系决定的，在老年服务过程中，服务人员要根据个人与老人及其他服务对象的关系来决定交往距离。两人身体距离不合适，往往给交流双方带来负面影响。

任务一　掌握站姿的要求

站姿是指人的双腿在直立静止状态下所呈现出的姿势，它是人们日常交往中的一种最基本的举止，一个人要想表现出得体的姿态，首先要注意规范站姿。我们先来了解规范站姿的要求。

一、规范站姿

规范站姿的要求有以下几点。

一是站立的时候头部微微抬起，面部朝向正前方，双眼平视向前看，下颌微微向内收齐，颈部挺直。

二是挺胸、收腹，上身挺直，这样可以使整个身体显得自信平稳。

三是双肩放平，双臂自然下垂，处于身体两侧，手指自然弯曲，手心向内，中指稍微压裤缝。

四是双腿立正，脚跟并拢，脚尖并拢（图 8-1）。

图 8-1　站姿规范

站姿的基本要领是站正，注意身体提拔。身体重心放在两脚中间，不要偏左或偏右，注意保持肌肉的紧张，否则容易造成站立姿势的歪斜。颈部要保持挺直，头部有悬顶感；注意髋部和脚的力量运用，否则膝部就很容易弯曲。

二、常用站姿

在工作场所中，特别是在一些重要场合，如迎接访问、签订合同等，应该注意站姿，不能太随意。下面我们列举一些常见的基本站姿。

（一）后背式站姿

在标准站姿的基础之上，两腿稍微分开，两腿平等，两手在背后轻握放在后腰处。这种站姿略带威严，容易产生距离感，是男士较为常用的站姿（图 8-2）。

图 8-2　后背式站姿

（二）前腹式站姿

在标准站姿的基础之上，两脚呈“V”形，双手相交放在小腹前，右手搭在左手上。这种站姿，男士可以将两脚分开，但不宜过大。女士可以使用丁字步，一脚稍微向前，脚跟靠在另一只脚的内侧。在站累的情况下可以适当调节一下姿态，可以将一条腿向前跨半步或向后撤半步，将身体重心轮流放在两条腿上（图 8-3）。

图 8-3　前腹式站姿

（三）侧立式站姿

两腿呈“V”形，两手放在腿部两侧，手指稍微弯曲，中指压裤缝。

以上站姿，应严格训练并形成习惯。男女的站姿也应该表达出不同的形象给人传递不同信号：男士站姿应刚毅自信；女士站姿应端庄。无论何种站姿，上身始终要保持挺直。

三、不良的站姿

日常交往中，人们会感觉一些站姿不够端庄，有时会让人产生不舒服的感觉。下面就罗列一些常见的不良站姿。

一是身体歪斜。站立时身体不够端正，出现探脖、塌腰、耸肩、屈膝等不雅姿态。

二是双腿叉开过大。站立时间过久，可以通过叉开双腿缓解一下疲劳，但不能叉开过大。

三是两脚随意乱动。人在站立时，双脚不能随意乱动，更不能将双脚从鞋子里解放出来。

四是表现自由散漫。在站立时要做到站有站相，不能随便扶、倚、靠在其他的物品上，也不能用脚踩踏其他物品，这会给人留下自由散漫的坏印象。

五是小动作过多。站立时要避免下意识的小动作，如摆弄衣角、咬手指甲等，这会给人一种散漫、缺乏自信的感觉。

六是手势不对。站立时要注意双手的手势，与人谈话时，双手可以随谈话内容做一些手势，但不能太夸张，给人以粗鲁的印象。

七是过于傲慢。站立时不能将手插入裤兜里，切忌将双手交叉抱在胸前，或是双手叉腰，这会给人留下傲慢的印象。

四、老年服务从业人员常见的站姿

在老年服务过程中，针对不同的具体工作的特殊性，服务人员也应该掌握一些较为常见的站姿，来提升个人形象，提升老年服务机构的形象，提升行业的形象。

（一）开会时站姿

老年服务机构中的领导、部门主管给基层员工开会时，员工要注意个人的站立姿势，良好的站姿给人积极向上的感觉，也为会议营造了一个良好的氛围。

开会时站立姿势的要点：一是站立的时候头部微微抬起，面部朝向正前方，双眼平视向前看；二是挺胸、收腹，上身挺直，不能歪斜身体，给人以不端正的感觉；三是男士可以使用后背式站姿。女士可以使用丁字步站姿或前腹式站姿；四是不能将手插入裤兜里，切忌将双手交叉抱在胸前，或是双手叉腰，给负责开会人留下傲慢的印象。

小贴士

今天你站着开会了吗？

开会或许是现代职场人士最常见的工作行为或社交方式。公司外部有各种形式的会议，公司内部也有必不可少的部门会、部门间会议、高层会议、全体员工会议等。特别是现代公司内部，沟通已经成为管理的重要部分，在我们的抽样调查中，84%的企业家都曾为内部沟通成本高而苦恼。会议在管理中承担了沟通的绝大部分任务，因此如何开好一个高效的会议对于提高公司的决策效率就显得尤为重要。

目前很多跨国企业都在流行一种开会的模式：站式开会。站式会议的灵感来源于美国的试验数据。美国某大学和美国国家航天局合作并开展了一项试验——“人在坐着的时候和站立的时候，哪一个更容易激发灵感呢？”

大家或许都有这样的经历，一直坐着开会容易犯困。午饭后开会更是如此。俗话说，在会议上醒着的只有领导和发言者，还有会议记录者，如果站着开会就会有紧张感，没有机会打瞌睡。如果在下面打了瞌睡，当场就会站不住了。

经常是站着容易让人感觉无聊，也就会踊跃地提出问题和建议。讨论效果提高了，得出结论来也就快了。

站着开会还能提高人的注意力集中程度。虽然会议时间大幅度缩短了，但是在改革后的佳能电子，发言数量在实行站式会议之后却有明显提高。足底是人的第二个心脏，站着的时候足底会受到刺激，从而大脑也得到了激活。

不论是站立还是坐着，灵感本身是没有什么不同的，但是就出现灵感的速度而言，站着的速度能快 30%。不少公司都在流行这种方式，“今天你的企业站着开会了吗？”当然，站着开会仅仅是形式而已，本质的关键点在于提高效率，让会议发挥它应有的价值。（摘自《当代经理人》）

（二）迎宾时站姿

在老人入住养老机构、参观养老机构时，为表示尊敬，员工需要在养老机构门口迎接，迎接时员工基本站姿需要注意以下几方面：一是男士可以使用前腹式站姿，女士可以使用丁字步站姿或前腹式站姿；二是面部保持微笑，放松面部肌肉，然后使嘴角微微向上翘起，给人以和蔼感觉；三是上身应当伸直，并且目视前方；四是头部不要晃动，下巴须避免向前伸出；五是不得嬉笑、打闹。

下面这个案例中的主人公的表现显然不符合规范。虽说身体方面的不便是主要原因，但加强规范站姿意识、掌握技能，是迎宾时的必须注意事项。

小林是养老院新来的一名护理员，平时做事勤快，为人处世都很得大家的喜欢。恰逢几天后就是端午节，有很多老人的家属会来看望他们，院长看小林平时在做事方面的表现都很不错，便让她站在门口迎接家属。王奶奶的儿子是一家大公司负责人，那天，他来看望王奶奶。一进门就看见小林右脚轻踮，放于左脚前，面色有些阴郁。王奶奶的儿子见小林站姿怪异，心情看来也不好，心里便对养老院的日常工作怀疑起来。

在与王奶奶聊天过程中，儿子便提到了小林的情况，王奶奶很诧异，小林平时表现很好的，这是怎么回事。后来，院长经过旁人的隐言相告，才发现了小林站姿的不妥，原来是小林昨天打开水时烫伤了右脚，又不好意思推掉今天的迎接工作，站姿不当，引得来宾对养老院服务态度的质疑。

（三）与人交谈时站姿

站着与他人交谈，是人际交流的重要方式。老年服务从业人员站着与服务对象交流，需要注意站姿，得体的站姿一定会博得他人对你的好感；否则不仅影响个人形象，也会给所在机构造成不好的影响。

小陈是一名护理专业（老年护理方向）的大学生。四年的学习生活，坚定了她毕业从事老年服务的决心。离毕业还有近一个学期，小陈就和其他同学一样，开始了自己求职面试的过程。先后应聘了四家老年服务机构，一个复试的通知都没有接到。

小陈不禁心慌。她更想不出原因何在？大学阶段自己各门成绩不错，专业课成绩更是名列前茅。自己热爱老年服务行业，有志于把自己的青春贡献给老年人的幸福。但面试为什么会是这个结果？

小陈在他人的建议下，拜访了一位学姐，也是一位成功的“青春养老人”。一番交流下来，学姐一针见血指出了小陈的软肋：与人交流时“站没站相”，严重影响了面试人员对她的评价。

那么，站着与人交流应该注意哪些方面呢？

一是一般情况下保持上身挺拔，目光要根据交流对象身高、所处位置适当调整。

二是如果服务老人躺在床上或坐在比较低的位置，护理工作人员需要调整个人站姿，适当弯腰或者向下探身。

三是头部不要晃动。

四是双手不能随意乱晃，将手插入裤兜里，双手交叉抱在胸前，或是双手叉腰，这都是不良站姿的体现。

年轻人在与老年人的交流中特别要注意站立的姿势。像下面这个案例中的主人公对于站姿重要性的认识以及得体的表现给我们学习者做出了榜样。

小黄在大学期间所学的专业是酒店管理，毕业后出于个人爱好，来到一家养老院工作。因为工作原因，小黄经常需要站着和老人交谈，但是小黄有一个习惯，喜欢把手交叉抱在胸前，并且手势比较夸张，手指经常指指点点。本来老人是很好相处的一个群体，但是到了她这，老人们并不买账。做很多事情都会受到局限，自己思考了很久也得不到答案。后来在和一位老奶奶的谈话中，偶然听到她提起小黄和老人交谈时的行为举止，才发现自己的不足之处，最终得到改正之后，小黄在养老院的人缘是越来越好。

（四）其他场合站姿

在老年服务机构中升国旗、接受奖品、接受接见等庄严的仪式场合，应采取严格的标准站姿，而且神情要严肃。

在发表演说、作报告宣传时，为了减少身体对腿的压力，减轻由于较长时间站立双腿的疲倦，可以用双手支撑在讲台上，两腿轮流放松。

主持文艺活动、联欢会时，可以将双腿并拢站立，女士可以站成丁字步。站丁字步时，上体前倾，腰背挺直，臀微翘，双腿叠合，富于女性魅力。男士使用标准的站姿，则可体现男子汉气概。

任务二　掌握坐姿的要求

坐姿就是指人在就座之后所呈现出的姿态。坐姿的不正确会显得懒散，端庄优美的坐姿，会给人以文雅、稳重和自然大方的美感。

坐姿的基本原则是：大方、自然、端庄、舒适。

小贴士

古人说的“坐有坐相”是怎么“坐”

中国是传统的礼仪之邦，甚至连举手投足站立坐卧都要有“行为规范”，比如“坐有坐相，站有站相”……在中国古代，特别是魏晋以前，对于“怎么坐”讲究颇多。“蹲踞”“箕踞”，或“安坐”“正坐”“跪坐”“经坐”“恭坐”“肃坐”“卑坐”，或席地而坐、正襟危坐、双手垂坐……古人“坐”的姿势可谓数不胜数。那么，怎么“坐”才叫“坐有坐相”？

“安坐”：古代最合礼仪的坐姿。《容经》：“胻不差而足不跌，视平衡曰经坐。”

“箕踞”：古人最随便的坐姿。《说文解字注》：“箕踞乃“臀着席，而伸其脚于前。”

“双手垂坐”：古代女性防“走光”坐姿。《韩诗外传》：“孟子见妻踞遂白其母曰“妇无礼，请去之。”

“垂足坐”：汉末最新潮的坐姿。《后汉书》：“灵帝好胡服、胡帐、胡床、胡坐……”

“坐功”：宋代人坐出了最高境界。《二十四节气坐功图》：“宜每日寅时正坐，举两臂……”

一、规范的坐姿

得体的坐姿有许多的规矩，具体如下。

一是入座时要轻而稳。款款走到座位前，转身轻而稳地落座，左脚和右脚并排自然摆放，使腿肚贴到椅子边。

二是神态从容自如，嘴唇微闭，下颌微收，面容平和自然。

三是双肩平正放松，双臂自然弯曲，双手自然搭在腿上，亦可放在椅子或是沙发扶手上，注意掌心必须向下，不要将手夹在大腿中间或放于脑后。

四是坐在椅子上，要立腰、挺胸，上体自然挺直，不允许仰头靠在座位背上，低头注视地面，左顾右盼，闭目养神或是摇头晃脑。

五是双膝自然并拢，双腿正放或侧放，双脚自然着地，也可双腿并拢或交叠（男士坐时双膝可分开）。

六是在社交场合下，不论座椅子或沙发，均不得坐满，以坐满椅子的 2/3 为宜。脊背轻靠背椅，正襟危坐，以表示对对方的恭敬和尊敬。

七是人离座时，要自然稳当，右脚向后收半步，而后站起。不能突然站起，以免惊吓到其他人。

八是谈话时可以有所侧重，此时上体与腿同时转向一侧。与人谈话时通常可以把双手轻搭在沙发上，但不可手心朝上；也可以双手交叉，放在腿上，右手掌再搭在左手手背上，这种坐姿显得比较娴雅。

二、常用坐姿

（一）女士的几种常用坐姿

基本坐姿是双腿并拢，上体挺直，坐正，两脚略向前伸，两手分别放在双膝上。若是穿裙装，应将裙稍稍拢一下，以免“走光”。不要坐下后再站起来整理衣服，这是失礼的。

入座后，腿与脚的放置有所讲究，以下几种坐姿可供参考。

1. 双腿垂直式

具体要求：双腿垂直于地面，双脚的脚跟、膝盖直至大腿都并拢在一起，双手自然放在腿上。这是正式场合的最基本坐姿，给人以诚恳、认真的印象。需要注意的是，这种坐姿背脊一定要伸直，头部摆正，目视前方。如两膝张开，会给人带来很散漫的印象（图 8-4）。

图 8-4　女士坐姿

2. 双腿叠放式

这种坐姿要求上下交叠的膝盖之间不可分开，两腿交叠成一直线，才会造成纤细的感觉。双脚叠放的方法可视座椅的高矮而定，既可以垂直，也可与地面成 45° 斜放。脚尖不应翘起，更不应直指他人。采用这种坐姿，切勿双手抱膝，更不能将两膝分开。该坐姿穿短裙时应慎用。

3. 双腿斜放式

坐在较低的椅子上时，双脚垂直放置的话，膝盖可能会高过腰，较不雅观。这时最好采用双腿斜放式，即双腿并拢后，双脚同时向右侧或左侧斜放，并且与地面形成 45° 左右的夹角。这样的话，就坐者的身体就会呈现优美的“S”形。当坐沙发时，这种姿势最实用。需注意两膝不宜分开，小腿间也不要有距离（图 8-5）。

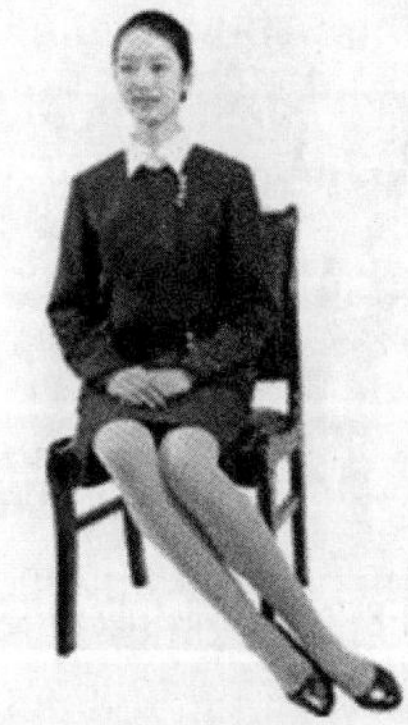

图 8-5　双腿斜放坐姿

4. 双脚交叉式

具体做法：双腿并拢，双脚在踝部交叉之后略向左侧或右侧斜放。坐在主席台上、办公桌后面或公共汽车上时，比较适合采用这种坐姿，感觉比较自然。应注意的是，采用这种坐姿时，膝部不要打开，也不宜将交叉的双脚大幅度地分开，或是向前方直伸出去，否则可能会影响到从前方通过的人（图 8-6）。记住：不让别人感到困扰是礼仪中最基本的一项原则。

图 8-6　双脚交叉坐姿

5. 双脚内收式

具体做法：两条小腿向后侧屈回，双脚脚掌着地，膝盖以上并拢，两脚稍微张开。这也是变化的坐姿之一，尤其在自己并不受瞩目的场合，这种坐姿显得轻松自然（图 8-7）。

图 8-7　双脚内收坐姿

（二）男士的坐姿

一个有风度的男士，基本的坐姿应该是上体挺直、肩平头正、目光平和的，坐立的时候还要注意双腿分开的宽度不要超过肩膀的宽度，两脚保持平行，两手自然放置在双膝上。

1. 标准式

上身挺直，双肩正平，两手自然放在两腿或扶手上，双膝并拢，小腿垂直落于地面，两脚自然分开成 45°（图 8-8）。

图 8-8　男士标准式坐姿

2. 前伸式

在标准式的基础上，两小腿前伸一脚的长度，左脚向前半脚，脚尖不要翘起。

3. 前交叉式

在标准式的基础上，小腿前伸，两脚踝部交叉。

4. 屈直式

在标准式的基础上，左小腿回屈，前脚掌着地，右脚前伸，双膝并拢。

5. 斜身交叉式

在标准式的基础上，两小腿交叉向左斜出，上体向右倾。

6. 重叠式

右腿叠在左膝上部，右小腿内收贴向左腿，脚尖下点（图 8-9）。

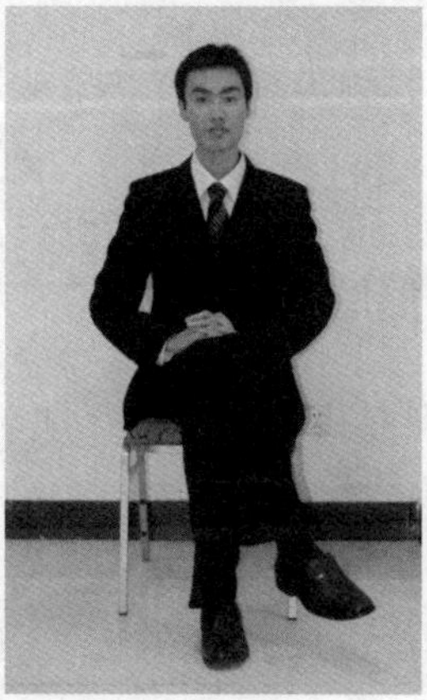

图 8-9　男士重叠式坐姿

三、不良坐姿的表现

日常交往中，我们也会感觉一些坐姿不够端庄，有时会让人产生不舒服的感觉，下面就罗列一些常见的不良坐姿。

（一）身体歪斜

坐的时候上身不直，出现倚靠、塌腰等不雅姿态。

（二）双腿叉开过大

坐得太久，人的精神就容易放松，通常会叉开双腿来缓解一下，但双腿不能叉开过大。

（三）两脚随意乱动

人坐着的时候，双脚不能随意乱动，更不能将双脚从鞋子里解放出来。

（四）表现自由散漫

坐时要做到坐有坐相，不能随便扶、倚、靠在其他的椅子或沙发扶手上，也不能用脚踩踏其他物品，这会给人留下自由散漫的坏印象。

（五）跷腿

很多人坐下来的时候喜欢跷腿，在家中或和非常熟悉的人交流时没问题，但是在正式场所与人交流时，不能抖动得过于频繁。

（六）手势不对

坐时要注意双手的手势，与人谈话时，双手可以随谈话内容做一些手势，但不能太夸张，给人以粗鲁的印象。双手交叉抱在胸前，也是不合适的。

（七）脚尖朝上

任何时候都不能让自己的脚尖朝上直接对人，这点对于女士来说尤为重要，女士的双腿叠放式坐姿，要注意脚尖朝下，脚尖向上对人是不合适的。

四、养老机构中养老护理员的坐姿礼仪

在老年服务过程中，针对具体工作的特殊性，从业人员也应该掌握一些较为常见的坐姿，来提升个人形象，提升所在机构的形象。

（一）开会时坐姿

会议是各级领导贯彻政策、布置任务、沟通信息、协调行动的有效方法，做好会务工作是办公综合部门的一项重要工作。员工通过参会接收指令、任务，这在养老机构中都很常见。无论是管理人员还是一线员工，都要注意个人的姿势，良好的坐姿给人积极向上的感觉。

以员工为例。在养老机构中，开会时员工应该注意坐姿：一是开会的时候头部微微抬起，面部朝向正前方，双肩平正放松；二是上身挺直，不能歪斜身体，不能倚靠在椅背上，不能瘫坐在椅子上，给人以不端正的感觉；三是男士可以将双腿稍微分开，双手自然放在腿上，亦可放在椅子或沙发的扶手上，女士一定不能叉开双腿；四是不能抖腿，坐下时手中不可不停地摆弄东西，如转笔、抠指甲等，给人以心不在焉的感觉。

年轻人在步入老年服务行业的过程中，常常出现由于不注意“坐相”这一

举止，使服务质量打折，使职业生涯受挫的情况。

二郎腿导致的失败

一次，有位老师带着三个毕业生同时应聘一家养老院做养老护理员，面试前老师怕学生面试时紧张，同人事部主任商量让三个同学一起面试。三位同学进入人事部主任办公室时，主任上前请三位同学入座。当主任回到办公桌前，抬头一看，欲言又止，只见两位同学坐在沙发上，一人跷起二郎腿，而且两腿不停地颤抖，另一人身子松懈地斜靠在沙发一角，两手还掰手指咯咯作响，只有一个同学端坐在椅子上等候面试。人事部主任起身非常客气地对两位坐在沙发上的同学说："对不起，你们二位的面试已经结束了，可以回去休息了。"两位同学四目相对，不知何故，面试怎么什么都没问，就结束了。

（二）与人交谈时的坐姿

在老年服务过程中，服务人员由于客观条件或其他需要，经常要和服务对象一起坐下来交流，例如护理人员就经常需要坐下来面对老人及其家属进行服务或沟通交流。接待客人、和客人见面也是老年服务从业人员一项工作内容。这些都需要从业人员有优化坐姿的意识，掌握坐姿的规范。

坐姿的规范主要有以下几条。

一是一般情况下保持上身挺拔，目光要根据交流对象身高、所处位置适当调整。

二是与老人交流时，使用标准坐姿即可；要向老人传递一种亲切、自然的态度。过于正式的坐姿，反而会影响交流效果。

三是头部不要东摇西晃。

四是双手不能随意乱晃，不要将手插入裤兜里或双手交叉抱在胸前，这都是不良坐姿的体现。

五是不能抖腿；坐下时手中不停地摆弄东西也是不合适的。

六是谈话时，可以侧坐，但要注意上身与腿同时转向一侧。

七是椅子不能坐得太深，给人以傲慢的感觉。

八是入座时要轻而稳。

九是离座时，要自然稳当，不能突然站起，以免惊吓到其他人。

任务三　掌握蹲姿的要求

小贴士

日本护士跪着照顾病人

在日本的医院不论医生还是护士，服务态度总是很亲切。特别是对待老人和孩子。

前不久，记者到一家医院体检时，看到这样温馨的一幕：一位女护士几乎是跪在地上与坐在椅子上的老太太说话，护士耐心地向老人介绍医生出诊的时间。按理说，哪个医生什么时候出诊，医院都会写得很清楚贴在墙上，但老人没看见，就询问了护士。护士耐心解答之后，还询问老太太：近来身体如何?晚上睡得好不好?老太太笑着道谢之后说："托你的福，我现在好多了。希望下次还能看到你。"

这样的情景在日本的医院里并不少见，护士与来医院的儿童患者说话时也往往采取跪式，这样能与小孩的视线平等，更容易交流。此外，日本护士给患者打针或者抽血前，往往会说："失礼了""您忍耐一下，马上就好"。患者走出诊疗室时，护士还要对患者说声"请多保重"。

除了门诊外，病房的护士更是热心、体贴。由于病人多是躺在床上，因此护士都是跪着照顾病人。一次，记者看到一名护士跪着喂一名老太太吃药，她胳膊和手的高度正好与老太太的头部齐平；吃完药，护士又跪着给这位老太太更换身下的褥垫，然后又陪老人家聊了一会儿才起身离开。（摘自：护士家园）

"跪式服务"与"蹲式服务"，在肢体语言上有细微的区别，但却是在同一个层面上使用。蹲姿，指的是由站立的姿势转变为两腿弯曲，从而使身高下降的姿势，是在比较特殊的情况下所采取的一种暂时性的体态。在我国的老年服务实践中，虽然蹲式服务没有作为行业的统一规范，但是一些从业人员把蹲式服务作为个人自觉地行动，有的机构也给员工提出了蹲式服务的明确要求。另外，在老年服务过程中，也有一些需要下蹲的情形，如对工作岗位进行收拾、清理、拿取低处的东西、拾起落在地上的东西等时候。蹲姿不像站姿、坐姿，容易被人忽视，从礼仪的角度来看，弯起上身和撅起臀部是不雅观的。

一、蹲姿的基本规范

蹲姿的基本规范主要有以下几项。

一是下蹲拾物时，应自然、得体、大方，不遮遮掩掩。

二是下蹲时，两腿合力支撑身体，掌握好身体的重心，避免滑倒。

三是下蹲时，应使头、胸、膝关节在一个角度上，使蹲姿优美。

四是男士下蹲的时候两腿之间可适当留缝隙；女士无论采用哪种蹲姿，都要将腿靠紧，臀部向下。

二、常用蹲姿

（一）高低式蹲姿

下蹲时右脚在前，左脚稍后，两腿靠紧向下蹲。右脚全脚着地，小腿基本垂直于地面，左脚脚跟提起，脚掌着地。左膝低于右膝，左膝内侧靠于右小腿内侧，形成右膝高左膝低的姿态，臀部向下，基本上以左腿支撑身体（图 8-10）。

图 8-10　高低式蹲姿

（二）交叉式蹲姿

在实际生活中常常会用到蹲姿，如集体合影前排需要蹲下时，女士可采用交叉式蹲姿，下蹲时右脚在前，左脚在后，右小腿垂直于地面，全脚着地。左膝由后面伸向右侧，左脚跟抬起，脚掌着地。两腿靠紧，合力支撑身体。臀部向下，上身稍前倾（图 8-11）。

图 8-11　交叉式蹲姿

（三）半蹲式蹲姿

一般是在行走时临时采用。它的正式程度不及前两种蹲姿，但在需要应急时也可采用。基本特征是身体半立半蹲。主要要求在下蹲时，上身稍许弯下，但不要和下肢构成直角或锐角；臀部务必向下，而不是撅起；双膝略为弯曲，角度一般为钝角；身体的重心应放在一条腿上；两腿之间不要分开过大。

三、蹲姿的注意事项

以下几点是我们应该注意的。

一是不要突然下蹲。蹲下来的时候，不要速度过快。当自己在行进中需要下蹲时，要特别注意这一点。

二是不要离人太近。在下蹲时，应和身边的人保持一定的距离。和他人同时下蹲时，更不能忽略双方的距离，以防彼此“迎头相撞”或发生其他误会。

三是不要方位失当。在他人身边下蹲时，最好是和他人侧身相向。正面他人，或者背对他人下蹲，通常都是不礼貌的。

四是不要毫无遮掩。在大庭广众面前，尤其是身着裙装的女士。

五是不要蹲在凳子或椅子上。

六是双脚不宜完全并拢。这样的蹲姿由于双脚用力过于集中，身体容易蜷缩，稍不留神容易摔倒。而且在起立时，双脚很难发力，不容易站起来。

七是双脚叉开过大。不管是男士还是女士都不宜将双脚叉开过大。

总之，下蹲时一定不要有弯腰、臀部向后撅起的动作；切忌两腿叉开，两腿展开平衡下蹲以及下蹲时，露出内衣裤等不雅的动作。因此，当要捡起落在地上的东西或拿取低处物品的时候，不可有只弯上身、翘臀部的动作，而是首先走到要捡或拿的东西旁边，再使用正确的蹲姿，将东西拿起。

四、老年服务从业人员的常见蹲姿

由于老年服务从业人员服务对象的特殊性，在与老年人交流、为老年人提供服务过程中，从业人员也应该掌握一些较为常见的蹲姿，以实现与老年人通畅的交流，实现对老年人优质的服务。

（一）与行动不方便老人交谈时蹲姿

在老年服务机构，我们会经常碰到行动不是很方便的老人，如坐轮椅、卧床的老人，从业人员需要蹲下来才能和他们更好地交流。这时候我们需要注意以下几个方面。

一是可以使用高低式蹲姿或者半蹲式蹲姿，这样两腿发力较为充分，更容易保持一个好的姿态。

二是可根据老人实际情况调整距离，有的老人听力衰退，就需要稍微贴近一些，才更好进行交流。有的卧床老人，距离也要适当调整，不能离得太远。对于使用轮椅代步的老年人，注意不要俯身或利用轮椅支撑身体来进行沟通，而应适蹲在旁边，并维持双方眼睛于同一水平线，以利于平等地交流与沟通。

三是要注意面部表情的应用，不能太夸张。

四是要注意个人手势，双手大幅度摆动是不合适的。

（二）清理地上污渍时蹲姿

在老年服务机构，工作人员需要经常蹲下来清理地上的一些污渍，这时候就需要注意下蹲的姿势。

一是可以使用高低式蹲姿，这样两腿发力较为充分，更容易保持姿态，行动起来方便。

二是不要下蹲过快，造成重心不稳容易摔倒。

三是穿裙子的女士，要注意下蹲时，将身体的侧面与他人相对。

任务四　掌握行姿的要求

一、行姿的基本规范

良好的行姿应当身体直立，收腹直腰，两眼平视前方，双臂放松在身体两侧自然摆动，脚尖微向外或向正前方伸出，跨步均匀，两脚之间相距约一只脚到一只半脚，步伐稳健，步履自然，要有节奏感。起步时，身体微向前倾，身体重心落于前脚掌，行走中身体的重心要随着移动的脚步不断向前过渡，而不要让重心停留在后脚，并注意在前脚着地和后脚离地时伸直膝部（图 8-12）。步幅的大小应根据身高、着装与场合的不同而有所调整。女性在穿裙装、旗袍或高跟鞋时，步幅应小一些；相反，穿休闲长裤时步伐就可以大些，凸显穿着者的靓丽与活泼。

图 8-12　行姿

行走时应注意以下几点。

步位：是指两脚下落到地面的位置。女子行走时，两脚内侧着地的轨迹要在一条直线上；男子行走时，两脚内侧着地不在一条直线上，而是在两条相距很近的直线上。

步速：是指行走的速度，一般标准步速为：女子每分钟 118～120 步，男子每分钟 108～110 步。

双肩平稳，双臂自然有节奏地摆动，以 30°为宜。

男女步态风格有别。男子的行姿应步伐稍大，步伐应矫健、有力、潇洒、豪迈，展示阳刚之美；女子的行姿则步伐略小，步伐应轻捷、蕴蓄、娴雅、飘逸，体现阴柔之美。

二、禁忌行姿

（一）瞻前顾后

行走时身体前俯、后仰，或两个脚尖同时向里侧或外侧呈八字形走步，步子太大或太小，这都给人一种不雅观的感觉。

（二）身不正直

行走时，应当避免头颈不止、肩斜摇晃、双手后背、手插裤袋，含胸挺腹等姿势，这样会给人拘谨、懒散或傲慢、呆板之感。行走时身体乱晃乱摆，也会让人觉得轻佻，缺少教养。

（三）声响过大

行走时应步态轻稳，如果行走时落脚太重、声响过大，不仅会妨碍他人，也会给人留下缺乏教养和举止粗鲁的感觉。

（四）八字步态

行走时，两脚脚尖向内侧伸，形成内八字步；或两脚脚尖向外侧伸，形成外八字步。

（五）勾肩搭背

行走时与人勾肩搭背，或边走边吃东西、边抽烟等，不仅会影响他人，也会给人一种没有修养的印象。

三、行走中的礼仪

根据社交礼仪要求，行走时必须以礼待人、自尊自爱，应严格遵守有关礼仪规范。

（一）基本要求

一是严格要求自己：行走时应始终自律，严格约束个人的行为，做到不违反交通规则、不随地吐痰、乱扔废物；不吃零食、不吸烟；不过分亲密；不毁坏公物；不尾随围观、不窥视私宅。

二是帮助礼让他人：助人是中华民族的传统美德。在行走时，即使素昧平生，也应相互关心，相互帮助，礼让在先，友好相待。

三是礼让行人：年轻人应主动给长者让路，健康人遇老弱病残者、孕妇、儿童及行路困难者，要让他们先行。在狭窄路段，尤其要注意请他人先行，或有次序地通过，不要争先恐后，要礼让他人。

四是热情问候：路遇熟人，应主动打招呼问候对方，不应视而不见。如若交谈，应靠边站立，以免妨碍交通。对于其他不相识者，如正面发生接触时，也应先向对方问好，以示礼貌。

五是文明问路：向他人问路时，应先用尊称，事后应道谢。如遇他人向自己问路时，应尽力相助，热情指示，必要时可以带路。

六是帮助老幼：遇到老弱病残者，主动上前关心、帮助，不要视而不见，甚至嫌弃或对其呵斥。

七是维护正义：碰到偷窃、抢劫、打架或其他破坏公共秩序者，应挺身而出，视情况给予严加制止或报警。不能事不关己，袖手旁观。

（二）不同场所行走的礼仪

人们行走时，往往会置身于不同的场所、面临各种不同的情况，不管在何种情况下，遵循上述基本礼仪要求外，还应依据不同情况灵活应对。

1. 上下楼梯

上下楼梯需注意以下几方面：上下楼梯均应靠右侧单人行走，不宜多人并排而行；下楼梯若为人带路，应走在被带路者的前面，年幼应居其后；下楼梯大家不宜进行交谈，要留心脚下，以防脚部踏空；与尊者、异性一起下楼梯，若楼梯过陡，应主动行走在前，以防身后之人有闪失；上下楼梯时，除需注意上下楼梯的速度外，还应与他人保持一定的距离，避免推挤，发生不测。

2. 进出电梯

讲究出入顺序：与不相识者同乘电梯，进入时讲究先来后到，出来时则应由外向里依次而出，不可争先恐后。与熟人同乘电梯，尤其是与尊者、女士、客人同乘电梯时，应视电梯类别而定。进入无人管理的电梯时，为了控制电梯门，应先进后出，为人服务；进入有人管理的电梯，应主动后进后出。

注意安全：当电梯关门时，不要扒门或强行挤入；电梯人数超载时，应主动走出；当电梯在升降途中，因故暂停时，要耐心等候或设法求救，不要冒险攀援而出。

3. 通过走廊

单排行进：一般在走廊内行走时，应单排行走，以防走廊狭窄影响行进速度。

右侧通行：遵守右侧通行规矩，这样即使有人从对面走来也互不干扰。

缓步轻行：因为走廊多连接房间，切勿快速奔走，大声喧哗。

4. 自觉排队

养成排队的习惯：凡需排队时，应保持耐心、自觉排队等候，不要起哄、拥挤或插队。

遵守排队顺序：排队的基本顺序是先来后到，依次而行，要遵守并维护排队秩序，不仅自己不插队，也不帮熟人插队。

保持适当距离：排队时，应缓步而行，人与人之间最好保持 0.5～1 米的间隔，这样不仅让人感觉舒服，也不妨碍他人所办之事（如打电话、到银行取款等）。

任务五　实操与模拟

良好的举止行为，不是生来就具备的，我们要想在日常生活中表现得体，就需要刻苦训练。在养老机构中，关于养老护理员的日常行为举止，我们更需要有针对性地开展训练。下面我们就本章讲述的基本站姿、坐姿和蹲姿重点进行实操训练。

一、良好站姿的训练

通过训练，需要掌握规范的站姿，能自行纠正错误并形成习惯；能够根据不同环境熟练运用不同的站姿，呈现优雅的仪态。

（一）训练目的

（1）掌握站姿的基本要求。

（2）掌握站姿的操作标准。

（3）掌握男性与女性站姿的区别。

（二）训练准备

1. 环境准备

环境清洁、安静、仿真性强的模拟实训室。

2. 物品准备

纸。

3. 情境准备

要求学生仪表端庄大方，着装规范，精神饱满，模拟养老机构环境的实际情况，按训练要求，自行设计工作情景，分配扮演角色，安排合理的工作情境，完成训练内容，达到熟练掌握站姿礼仪的目的。

（三）训练方法

1. 标准站姿训练

（1）背靠墙练习：个人背靠墙站立，要求后脑勺、肩、臀、小腿肚、脚后跟紧贴于墙上，使身体上下呈一条直线。每次训练 20 分钟左右，练习站姿的挺拔性和持久性。

（2）两人一组，背靠背练习：背靠背站立，脚跟、小腿肚、双肩、后脑勺贴紧。

（3）直立练习：脚跟提起，头向上顶，身体有被向上拉起的感觉。保持姿态稳定，练习平衡和挺拔感。为加强效果，可在头顶放一本书，保持书本不滑落。

（4）对于女士站姿：可用腿夹一张纸练习站立，要求小腿并拢，能感受到夹腿并膝。

（5）挑选学生进行示范表演，供其他训练者参考、评价。有条件的可以进行录像。

2. 站姿训练要求

（1）明确站立时身体各部位要领。

（2）掌握双臂垂直放置以及在工作岗位上恭候宾客、开会、主持等各种场所时双手所放的位置。

（3）调整好面部表情。

（4）锻炼长时间站立的忍耐性。

（5）学会站累时，能自然改变站立姿势。

3. 训练中需要注意的问题

（1）是否有歪头、斜眼、缩脖、耸肩、塌腰、挺腹、屈腿的现象。

（2）是否有叉腰、两手抱胸或插入衣袋的现象。

（3）是否有身体倚靠物体站立的现象。

（4）是否有身体歪斜、晃动或脚抖动的现象。

（5）是否面无表情，精神萎靡。

（6）是否身体僵硬，重心下沉等。

通过训练，对站姿要有正确的认识，能够正确掌握站姿在日常不同场景的使用。在养老机构中，护理员工作特殊，面对的服务对象也比较特殊，如何能通过站姿来展示优美的姿态，赢得服务对象的认可，需要每一个护理员认真思考。

（四）效果评价

1. 学习态度

评价训练内容是否完成；练习过程是否严谨认真。

2. 能力发展评价

举止文明规范，亲切大方，能将站姿礼仪的规范运用在工作中。

3. 创新意识评价

能灵活应变地处理和解决工作中突发问题，在工作中能创新性地以自己规范的站姿礼仪进一步提高工作质量。

4. 团队精神评价

小组成员配合默契，情境模拟真实，情境设计合理，共同参与角色扮演练习。具有集体合作精神，正确应对和处理实际问题。

二、良好坐姿的训练

通过训练，需要掌握规范的坐姿，能自行纠正错误并形成习惯；能够根据不同环境熟练运用不同的坐姿，呈现优雅的仪态。

（一）训练目的

（1）掌握坐姿的基本要求。

（2）掌握坐姿的操作标准。

（3）掌握男性与女性坐姿的区别。

（二）训练准备

1. 环境准备

环境清洁、安静、仿真性强的模拟实训室。

2. 物品准备

椅子、坐姿挂图、多媒体、黑板、粉笔。

3. 情境准备

要求学生仪表端庄大方，着装规范，精神饱满，模拟养老机构环境的实际情况，按训练要求，自行设计工作情景，分配扮演角色，安排合理的工作情境，完成训练内容，达到熟练掌握坐姿礼仪的目的。

（三）训练方法

1. 标准坐姿训练

（1）面对训练镜，练习入座、就座、离座的动作。

（2）要找坐姿的基本要领，练习端坐的姿态。要着重脚、腿、腹、胸、头、手部位的训练，训练时可以播放舒缓的音乐，缓解疲劳，也锻炼训练者在长时间轻松状态下如何保持坐姿姿态。

（3）练习不同的坐姿姿态，包括正面坐姿和侧面坐姿。训练不同坐姿情况下的腿部动作，包括平行式、叠放式、侧放式。

（4）选择不同的椅子、凳子或沙发练习坐姿，体会在不同桌椅情况下的坐姿训练。

（5）纠正训练者错误的坐姿，并要求逐步掌握标准动作。

（6）每次训练，训练者需要坚持 10 分钟，并要求在日常行为中，按照要求坚持训练，习惯成自然。

（7）挑选学生进行示范表演，供其他训练者参考、评价。有条件的可以进行录像。

2. 坐姿训练要求

（1）明确坐时身体各部位要领。

（2）掌握双手放置位置以及在工作岗位上各种场所时双手所放的位置。

（3）调整好面部表情。

（4）锻炼长时间坐的忍耐性。

3. 训练中需要注意的问题

（1）是否有歪头、耸肩、塌腰的现象。

（2）是否有两手抱胸或插入衣袋的现象。

（3）是否有身体倚靠座椅背的现象。

（4）是否有身体歪斜、晃动或脚抖动的现象。

（5）是否面无表情，精神萎靡。

（6）是否有双腿叉开过大的现象。

（7）就座时是否平稳，离座时是否平稳。

通过训练，对坐姿要有正确的认识，能够掌握在养老机构中护理员面对不同环境如何展现最优美的姿态。

（四）效果评价

1. 学习态度

评价训练内容是否完成；练习过程是否严谨认真。

2. 能力发展评价

举止文明规范，亲切大方，能将坐姿礼仪的规范运用在工作中。

3. 创新意识评价

能灵活应变地处理和解决工作中突发问题，在工作中能创新性地以自己规范的坐姿礼仪进一步提高工作质量。

4. 团队精神评价

小组成员配合默契，情境模拟真实，情境设计合理，共同参与角色扮演练习。具有集体合作精神，正确应对和处理实际问题。

三、良好蹲姿的训练

通过训练，需要掌握规范的蹲姿，能自行纠正错误并形成习惯；能够根据不同环境熟练运用不同的蹲姿，呈现优雅的仪态。

（一）训练目的

（1）掌握蹲姿的基本要求。

（2）掌握蹲姿的操作标准。

（3）掌握男性与女性蹲姿的区别。

（二）训练准备

1. 环境准备

环境清洁、安静、仿真性强的模拟实训室。

2. 物品准备

多媒体。

3. 情境准备

要求学生仪表端庄大方，着装规范，精神饱满，模拟养老机构环境的实际情况，按训练要求，自行设计工作情景，分配扮演角色，安排合理的工作情境，完成训练内容，达到熟练掌握蹲姿礼仪的目的。

（三）训练方法

1. 标准坐蹲姿训练

（1）面对训练镜，练习低处取物，练习高低式蹲姿、交叉式蹲姿、半蹲式蹲姿。

（2）要找蹲姿的基本要领，练习蹲下的姿态。列举不雅蹲姿，供参考改正。

（3）纠正训练者错误的蹲姿，并要求逐步掌握标准动作。

（4）每次训练，训练者需要坚持 10 分钟，并要求在日常行为中，按照要求坚持训练，习惯成自然。

（5）挑选学生进行示范表演，供其他训练者参考、评价。有条件的可以进行录像。

2. 蹲姿训练要求

（1）明确下蹲时身体各部位要领。

（2）调整好面部表情。

（3）掌握双手放置位置。

（4）锻炼长时间下蹲忍耐性。

3. 训练中需要注意的问题

（1）是否有歪头、耸肩、塌腰的现象。

（2）是否有身体歪斜、晃动或脚抖动的现象。

（3）是否有双腿叉开过大的现象。

（4）是否面无表情，精神萎靡。

（5）下蹲时是否平稳，起立时是否平稳。

通过训练，训练者要对蹲姿有正确的认识，蹲姿容易被大家忽略，不雅蹲姿会造成诸多不便。在养老机构中护理员要掌握不同蹲姿的基本标准，面对不同环境知道如何使用不同蹲姿，必能为个人形象增加不少分数。

（四）效果评价

1. 学习态度

评价训练内容是否完成；练习过程是否严谨认真。

2. 能力发展评价

举止文明规范，亲切大方，能将蹲姿礼仪的规范运用在工作中。

3. 创新意识评价

能灵活应变地处理和解决工作中突发问题，在工作中能创新性地以自己规范的蹲姿礼仪进一步提高工作质量。

4. 团队精神评价

小组成员配合默契，情境模拟真实，情境设计合理，共同参与角色扮演练习。具有集体合作精神，正确应对和处理实际问题。

四、良好行姿的训练

行走的姿势属于动态美，是全身的协调性运动。正确、富有魅力的行姿像一首动人的抒情诗，吟诵着健康而优美的体形及迷人的风姿。因此，要求认真练习，达到行得正确、优雅、轻盈、有声奏感。通过训练，需要掌握规范的行姿，能自行纠正错误并形成习惯；能够根据不同环境熟练运用不同的行姿，呈现优雅的仪态。

（一）训练目的

（1）掌握行姿的基本要求。

（2）掌握行姿的操作标准。

（3）掌握男性与女性行姿的区别。

（二）训练准备

1. 环境准备

环境清洁、安静、仿真性强的模拟实训室。

2. 物品准备

多媒体。

3. 情境准备

要求学生仪表端庄大方，着装规范，精神饱满，模拟养老机构环境的实际情况，按训练要求，自行设计工作情景，分配扮演角色，安排合理的工作情境，完成训练内容，达到熟练掌握行姿礼仪的目的。

（三）训练方法

练习时，要按照行姿的基本要求进行，具体做法如下。

第一步练习腰部力量。双手固定腰部，正步出脚，脚背绷直，踮脚行走。

第二步练习颈背挺直。头顶着书，按上述要求出步，但不踮脚行走。

第三步修正脚步。刚开始练习时，先在地上用粉笔画一条约 5 厘米宽的直线，作为两脚行走的轨迹，行走时，两脚内缘的落点力求在直线的两侧。随着练习的深入。直线宽度越来越细，最后成一条直线。

第四步训练全身的协调运动，轻步行走，达到柔步无声。

行姿的综合训练，可在健身房或操场上，单人或几人一组进行练习。最好配上节奏感较强的音乐。既激发练习的兴趣，减轻疲劳，又容易掌握行走的速度和节拍，保持身体动作的协调。

（四）效果评价

1. 学习态度

评价训练内容是否完成；练习过程是否严谨认真。

2. 能力发展评价

举止文明规范，亲切大方，能将行姿礼仪的规范运用在工作中。

3. 创新意识评价

能灵活应变地处理和解决工作中突发问题，在工作中能创新性地以自己规范的行姿礼仪进一步提高工作质量。

4. 团队精神评价

小组成员配合默契，情境模拟真实，情境设计合理，共同参与角色扮演练习。具有集体合作精神，正确应对和处理实际问题。

思考题

1. 在老年服务过程中，针对不同情形的具体工作，服务人员应该采用的站姿有哪些？

2. 不良坐姿有哪些表现？

3. 与行动不方便老人交谈时是否应采用蹲姿？

4. 请简述行走时应注意的事项。

模块九

语言的艺术

学习目标

1. 认识和学习语言的重要意义。

2. 了解语言交流的一般技巧。

3. 掌握老年服务工作的语言规范。

案例导入

小张的困惑

小张是养老院今年新招来的大学生，院长很赏识他的文字能力，安排他在办公室任主任助理。小张制订计划、写简讯样样能行。可有几件事似乎没做漂亮，让他一想起来心里就不舒服。重阳节小张主持了敬老院和大学生志愿者联合举办的联欢会，作为主持人，本来想夸夸那些八九十岁的老人们，当然也显示一下青春养老职业人的风采。他一会儿夸王奶奶“颜值爆表”，一会儿赞刘爷爷“涨姿势”。尽管赢来了大学生们一致的掌声，但是老人家们却面面相觑。还有一次他主动和张老太太打招呼，老人竟然不理他。事后从别人那里得知是因为不久前他对老人家问了句“您怎么最近脸色不好啊？是不是得了什么大病？”

思考讨论

1. 小张在和老人的语言交流中有哪些不得体的地方？

2. 老年服务从业人员在与老年人的语言交流中应注意什么？

语言是人类最重要的交际工具。虽然通过文字、图片等也可以传递人们的思想，但语言却是最重要的，也是最方便的媒介，人们也借助语言保存和传递人类文明的成果。语言可以分为有声语言和无声语言。有声语言指的是“出口”表达出来的语言；无声语言又称作态势语，是有声语言（口语）的重要补充。它通过身姿、手势、表情、目光等配合有声语言来传递信息，也称体态语。

在为老服务过程中，老年服务从业人员掌握语言规范、灵活运用语言技巧尤为重要。在面对老年人或服务对象时，恰到好处的语言能起到意想不到的效果，不仅非常有利于各项工作的开展，而且也能给自己以及所在服务机构加分不少。

任务一　熟知语言规范

随着年龄的增长，老年人在生理和心理上都发生着变化。一般老年人心理承受能力会出现很大程度的降低，遇到困难或挫折时，情绪反应更为激烈，对身心健康的影响也更为明显。老年人渴望被尊重和理解，害怕孤独和寂寞。正因为如此，老年服务从业人员要主动地关心老年人，并通过诚恳、得体的交流，为他们排除寂寞，使他们心情舒畅。

一、以尊称和敬语表达尊敬

（一）称呼

在人际交往中，特别是与陌生人打交道的时候，人们对于别人怎么称呼自己都表现得非常在意，准确而又妥帖的称呼可以表达对被称呼者的尊重和友好，而不恰当的称呼则令人心生不快，影响人际交往。对于老年服务从业人员来说，称呼就是自己在为服务对象提供服务的过程中，对服务对象采用的称谓语。这个称谓语是否准确得体，在很大程度上影响着服务品质和服务对象的感受。那么，怎样的称呼才是老年服务从业人员应当使用的称呼呢？

1. 多用习惯称呼

尊老、敬老、养老、助老是中华民族的传统美德。孝敬长辈，是一个人最起码的道德和良好品行的表现。在社会生活中，尊老敬老会很明显地体现在称呼上。如“老先生”“老人家”等冠以“老”字头的叫法，就让人油然而生一种尊重之感。在一些非正式场合常用的“叔叔”“阿姨”“大叔”“大妈”等称谓使得与服务对象的距离迅速拉近，产生亲近亲密之感。对一些德高望重的老人家则可敬称其“××公”“××婆”。

2. 注意个性差异

语言是一种沟通的工具，而沟通中非常重要的一个原则就是双向沟通。双向沟通要求在理解和尊重交往对象的基础上建立一种良好的沟通渠道以促进交流。这就要求老年服务从业人员在与服务对象交往时，要与对方建立一种约定俗成且双方都认可的交往方式，其中，称呼是重要的一环。有些老年人严谨认真，有一定的名望和地位，这就需要通过称呼体现出对对方的尊重及敬意，与其交往时，应用敬称称呼对方，例如老人以前的职业是教授、医生等，继续采用“××教授”“××医生”会让老人觉得受到尊重。但是，随着人际交往范围的扩大，把人往老字辈上“架”，以示尊重的传统正在悄悄转变。例如，有些老大妈，不让小孩子称呼她“奶奶”，一定要让他们改叫“阿姨”。国外很多老人，尽管白发苍苍，甚至步履蹒跚，心态却仍然年轻，对新事物的接受度也比较高。这或许有称呼上的原因，因为他们对男性均称“××先生”，对女士都叫“××女士”，就是在家里，小辈也可以直呼其名或昵称。把人叫得年轻，就像给老人灌输“您还年轻”的概念，久而久之，老人会更注重保养，心态也变得年轻。因此，在老年服务过程中，对一些老人也尽量采用年轻的称呼，让老人觉得自己扔充满活力。

小贴士

高龄老人称呼知多少?

现代人由于生活质量的不断提高，寿命不断延长，过去百岁老人是稀少的，而今却是常见。古代中国对老年人的称谓就有许多种，既是一种称谓，也表示了对年长者的一种尊敬。一般年龄到了 60 岁，人们就称其为长者，所以这种尊敬的称谓就从 60 岁开始。

60 岁：常称之为花甲之年，也可称之为耳顺之年，耆（qí）艾（古称 60 岁的人为“耆”），是下寿。

61 岁：还历寿。

70 岁：常称古稀之年，也可称之为从心之年、悬车之年、杖围之年，是中寿。

77 岁：可称之为喜寿。因为草书喜字似七十七，故特代指 77 岁。

80 岁：古常称之为耄耋之年。也可称为朝枚之年或朝枝之年，属伞寿（因“伞”字的草书形似“八十”，故以“伞寿”称之）。

88 岁：米寿之人。“米”字拆开后开同“八十八”，故特指 88 岁的老人。

90 岁：属上寿之人。

99 岁：称白寿之人。因为“百”少“一”为“九十九”，故 99 岁的老人称为白寿之人。

100 岁：期颐之人。期，犹要也；颐，养也。意思是：人至百岁，衣食住行各方面都需要孝子赡养，所以“百岁”犹称之为“期颐”。

（二）敬语

老年服务从业人员在与服务对象沟通交流过程中，应当恰当准确地选择敬语，这不仅仅是尊老敬老的体现，也是成为一名优秀的职业人的基本素质。

中国自古就有重礼节的优良传统，在日常交往中，人们经常要借助敬语来表示尊敬、礼貌、问候、祝颂等。准确得体地使用敬语可以体现出一个人修养与品位；自觉使用文明礼貌用语，是人们应该掌握的常识。根据不同使用场合和目的，老年服务从业人员常用的文明礼貌用语可以分为：问候语、迎送语、答谢语、征询语、赞美语、推脱语和道歉语。下面我们分别就各种敬语的使用环境详细说明。

1. 问候语

问候语，又叫见面语、招呼语，它短小简单，是人们生活中最常用的重要交际口语。问候语亦是表示自己对别人的尊重。

在养老院，护理人员与老人见面时应该直截了当地问候对方。如“您好”“大爷好”“阿姨您好”等；在一些特定时间、场所，护理员也应该根据实际情况组织不同的语言，如“早上好”“下午好”“晚上好”等。

2. 迎送语

迎送语适用于在提供服务的过程中迎接或送别服务对象时使用。使用迎送语时的要点如下。

（1）展现对服务对象的热情与友好。如“有什么可以帮助您的吗？”“您有什么需要再来找我”。在这里需要特别指出的是，老年康复护理方面的服务人员禁用“欢迎再来”等不适宜特定服务环境的语言。

（2）表现对服务对象的重视。如对于那些刚入住老年机构不久的老人，在餐厅就餐时，迎接语应表明自己记得对方，以便使对方产生被重视的感觉。如“阿姨，您来了”。

（3）使用迎送语的同时，应该注意向服务对象施以点头、微笑、鞠躬等辅助语言符号。

3. 答谢语

答谢语应用的范围很广，在获得帮助，得到支持的时候，向对方表示感谢非常必要，如“非常感谢”“劳您费心”。有些表示向对方的应答，如“不必客气”“这是我应该做的”。

4. 征询语

老年服务从业人员在服务过程中需要了解服务对象的需求和感受，恰当的询问就非常必要。常用的询问语有：向服务对象提供服务时的主动性询问，如“需要帮助吗”；向服务对象征求意见或建议时应该使用封闭式询问，如“您觉得这样可以吗”“这种力度合适吗”；提出方案供老人选择时，可问“您是喜欢蓝色还是白色”。

5. 赞美语

在人际交往中，每个人都希望得到认可和赞美。老年服务从业人员在面对服务对象时，适当的赞美不仅能给服务对象带来愉悦，也能够成为与服务对象之间进一步沟通的润滑剂。老年服务从业人员一定要学会在日常工作中赞美老人，在恰当的时机和场合夸老人，如“您今天气色真好”“需要向您学习的地方太多了”。老年服务产品的营销人员，对客户也要真诚赞美，如“您太有眼光了”“您的这个建议非常好，我会向领导转达”。

赞美要有发自内心的真情实感，这样的赞美才不会给人虚假和牵强的感觉。带有情感体验的赞美既能体现人际交往中的互动关系，又能表达出自己内心的美好感受，对方也能够感受你对他真诚的关怀。

赞美要注意场合，注意观察对方的状态是很重要的一个过程，如果对方恰逢情绪特别低落，或者有其他不顺心的事情，过分的赞美往往让对方觉得不真实，所以一定要注重对方的感受。

6. 推脱语

很多时候，老年服务从业人员不一定能够完全满足服务对象的需求和愿望，或者达不到老人的要求。这时候，就需要合理推脱掉。要向服务对象真挚表达情况，使他们能够容易接受这种“不得已的拒绝”。我们可以直接向对方道歉，如“对不起，我确实做不到”；也可以向对方作出合理解释，“我们这有规定，我不能做这个”。

7. 道歉语

工作中，老年服务从业人员在面对服务对象时，难免会干扰到他人或给他人带来不便，需要真诚地向对方道歉，如“抱歉”“对不起”“真是过意不去”等。道歉要真诚，才能收到好的效果。

小贴士

敬辞谦辞

中国是礼仪之邦，来往称呼接洽往往使用敬辞。敬辞是指含恭敬口吻的用语，在人们日常交际，特别是书信往来中往往要运用到。敬辞经常与谦辞联系在一起。敬辞是指含恭敬口吻的用语，一般对人。谦辞是表示谦虚的言辞，一般对己。在老年服务过程中，应对特殊的场所或服务对象时，这些传统的敬辞谦辞的正确使用就可以体现出服务人员的综合素质和职业水平。

敬辞包括以下几种。

令：用于称呼对方的亲属。如令尊——称对方的父亲；令堂——称对方的母亲；令郎——称对方的儿子；令爱、令嫒——尊称对方的女儿；令兄、令弟、令侄等。

拜：用于自己的行为动作涉及对方。如拜读——阅读对方的文章；拜访——访问对方；拜服——佩服对方；拜贺——祝贺对方；拜托——托对方办事情；拜望——探望对方。

奉：用于自己的动作涉及对方。如奉告——告诉；奉还——归还；奉陪——陪伴；奉劝——劝告；奉送、奉赠——赠送。

惠：用于对方对待自己的行为动作。如惠存（多用于送人相片、书籍等纪念品时所题的上款）——请保存；惠临——对方到自己这里来；惠顾（多用于商店对顾客）——来临；惠允——对方允许自己（做某事）；惠赠——对方赠送（财物等）。

恭：表示恭敬地对待对方。如恭贺、恭候、恭请、恭迎、恭喜等。最常见的如“恭喜发财”“恭贺新禧”。

垂：用于别人（多是长辈或上级）对自己的行动。如垂爱（都用于书信）——称对方对自己的爱护；垂青——称别人对自己的重视；垂问、垂询——称别人对自己的询问；垂念——称别人对自己的思念。

贵：称与对方有关的事物。如贵干——问人要做什么；贵庚——问人年龄；贵姓——问人姓；贵恙——称对方的病；贵子——称对方的儿子（含祝福之意）；贵国——称对方国家；贵校——称对方学校。

高：称别人的事物。如高见——高明的见解；高就——指人离开原来的职位就任较高的职位；高龄——称老人（多指 60 岁以上）的年龄；高寿——用于问老人的年龄；高足——称呼别人的学生；高论——称别人的议论。

大：尊称对方或称与对方有关的事物。如大伯——除了指伯父外，也可尊称年长的男人；大哥——可尊称与自己年龄相仿的男人；大姐——可尊称女性朋友或熟人；大妈、大娘——尊称年长的妇女；大爷——尊称年长的男子；大人（多用于书信）——称长辈；大驾——称对方；大师傅——尊称和尚；大名——称对方的名字；大庆——称老年人的寿辰；大作——称对方的著作；大札——称对方的书信。

敬：用于自己的行动涉及别人。如敬告——告诉；敬贺——祝贺；敬候——等候；敬礼（用于书信结尾）——表示恭敬；敬请——请；敬佩——敬重佩服；敬谢不敏——表示推辞做某件事。

请：用于希望对方做某事。如请问——用于请求对方回答问题；请坐——请求对方坐下；请进——请对方进来。

屈：如屈驾（多用于邀请人）——委屈大驾；屈就（多用于请人担任职务）——委屈就任；屈居——委屈地处于（较低的地位）；屈尊——降低身份俯就。

光：表示光荣，用于对方来临。如光顾（多用于商家欢迎顾客）——称客人来到；光临——称宾客到来。

俯：公文书信中用来称对方对自己的行动。如俯察——称对方或上级对自己理解；俯就——用于请对方同意担任职务；俯念——称对方或上级体念；俯允——称对方或上级允许。

华：称对方的有关事物。如华诞——称对方生日；华堂——称对方的房屋；华翰——称对方的书信；华宗——称人同姓。

老：用来尊称别人，有时特指老年人。如老伯、老大爷、老太爷——可尊称老年男子；老前辈——尊称同行里年纪较大、资格较老、经验较丰富的人；老兄——尊称男性朋友；老总——尊称中国人民解放军的某些高级领导人（多和姓连用，后也称一些企业第一把手为老总）。

叨：如叨光（受到好处，表示感谢）——沾光；叨教（受到指教，表示感谢）——领教；叨扰（受到款待，表示感谢）——打扰。

雅：用于称对方的情意或举动。如雅教——称对方的指教；雅意——称对方的情意或意见；雅正（把自己的诗文书画等送给人时）——指正批评。

玉：用于对方身体或行动。如玉体——称对方身体；玉音（多用于书信）——尊称对方的书信、言辞；玉照——称对方的照片；玉成——成全。

芳：用于对方或与对方有关的事物。如芳邻——称对方的邻居；芳龄（多用于年轻女子）——称对方的年龄；芳名（多用于年轻女子）——称对方的名字。

贤：用于平辈或晚辈。如贤弟——称自己的弟弟或比自己年龄小的男性；贤侄——称侄子。

此外还有鼎力（用于请托或感谢）——大力；足下——称对方；包涵——请人原谅；斧正——请人改文章；留步（用于主人送客时客人请主人不要送）——止步；笑纳（用于请对方收下礼物）——请接纳收下；府上——称对方房屋；指正（用于请人批评自己的作品或意见）——指出错误，使之改正；赐教——给予指教；久仰（多用于初次见面）——仰慕已久；璧还——归还物品等。

谦辞包括以下几种。

家：用于对别人称自己的辈分高或年纪大的亲戚。如家父、家尊、家严、家君——称父亲；家母、家慈——称母亲；家兄——称兄长；家姐——称姐姐；家叔——称叔叔。

舍：用于对别人称自己的辈分低或年纪小的亲戚。如舍弟——称弟弟；舍妹——称妹妹；舍侄——称侄子；舍亲——称亲戚。

小：谦称自己或与自己有关的人或事物。如小弟——男性在朋友或熟人之间的谦称自己；小儿——谦称自己的儿子；小女——谦称自己的女儿；小人——地位低的人自称；小生（多见于早期白话）——青年读书人自称；小可（多见于早期白话）——谦称自己；小店——谦称自己的商店。

老：用于谦称自己或与自己有关的事物。如老粗——谦称自己没有文化；老朽——老年人谦称自己；老脸——年老人指自己的面子；老身——老年妇女谦称自己。

敢：表示冒昧地请求别人。如敢问——用于问对方问题；敢请——用于请求对方做某事；敢烦——用于麻烦对方做某事。

愚：用于自称的谦称。如愚兄——向比自己年轻的人称自己；愚见——称自己的见解。也可单独用“愚”谦称自己。

拙：用于对别人称自己的东西。如拙笔——谦称自己的文字或书画；拙著、拙作——谦称自己的文章；拙见——谦称自己的见解。

敝：用于谦称自己或跟自己有关的事物。如敝人——谦称自己；敝姓——谦称自己的姓；敝处——谦称自己的房屋、处所；敝校——谦称自己所在的学校。

鄙：用于谦称自己或跟自己有关的事物。如鄙人——谦称自己；鄙意——谦称自己的意见；鄙见——谦称自己的见解。

另外还有寒舍——谦称自己的家；犬子——称自己的儿子；笨鸟先飞——表示自己能力差，恐怕落后，比别人先行一步；抛砖引玉——谦称用自己粗浅的、不成熟的意见引出别人高明的、成熟的意见。内人（内子）——对人称自己的妻子。

二、以平实的语言表达亲近

（一）尽量平实化

所谓尽量平实化，指的是语言贴近老年人的生活，语言不华丽，不过多地用修饰词，让老年人一听就懂，并感觉很亲切。

随着社会的发展，信息传播的渠道越来越丰富，特别是网络信息越来越发达，产生了越来越多的新词。接受信息快，容易接受新鲜事物的年轻人便有了网络流行语。流行语作为一种词汇现象，反映了一个国家、一个地区在一个时期人们普遍关注的问题和事物。不同时期有不同的流行语，而不同的流行语则作为社会一根敏感的神经，反映出社会的变化。伴随着改革开放，中国出现了很多新思想、新事物，而“流行语”正是这些新思想、新事物最好的见证。可以说，在中国社会发展的进程中，还没有哪一个时期能够涌现出这么多的流行语，那么集中、大量地丰富汉语的词汇。现如今，每一个经过改革开放岁月的中国人，随口都能说出几句改革开放的流行语。

小贴士

网络语言让“老人”们连呼“吃不消”

“亲，就在我的面前。亲，延伸我的视线。”央视春节联欢晚会上，刘欢的一曲《大爱》以典型的淘宝语境“亲”开头，网友们热烈建议应把这首歌卖给淘宝网做广告曲，随之而来的是春节期间“淘宝体”的创作热潮再次掀起。与此同时，网络热词和日新月异的“新文体”越来越让一些习惯了中规中矩表述方式的“老人”们大呼“吃不消”，跟不上形势。可就连这“吃不消”，也被网友们迅速纠正——请说“伤不起”。

由于自身心理生理原因和社会原因，老年群体接受信息的速度和数量远远不及普通社会人。很多老年人对流行语不能感知或难以理解。这就需要老年服务从业人员在与老人进行语言沟通和交流的时候，尽量不使用可能会对交流产生障碍的流行语。

（二）注意老年人的地域差异

我国幅员辽阔，人口众多，在漫长的历史发展过程中，由于各地地理条件和各民族的差异，加之交通电信不发达，各地域相对闭塞，经济文化的交流受到阻碍，在语言上形成了各种不同的方言。老年服务对象可能来自五湖四海，有部分老人可能会有浓厚的地方口音。首先，不要嘲笑某位老人口音有这样或那样的缺陷；其次，有些方言可能比较难懂，所以更要认真聆听老人的表达，领会老人的真正的意图。还要特别注意的是，要善于运用老年人喜闻乐见的语言表达方式和他们交流，如和四川老人说“摆龙门阵”，和东北老人则说“唠嗑”。

老年人的个性差异表现在很多方面，与其受教育程度、专业、职业背景密切相关。老年人经历不同，会给他们的语言风格打上深深的烙印。在农村劳作了一辈子的老年人，使用的语言就更为质朴、直接；搞了大半辈子科学研究的人，语言的表达则十分严谨，日常交流也常常专业名词不断。老年服务从业人员面对不同个性的老年人，要善于用他们乐于接受的语言进行交流。

三、以得体的语言表达用心

老年人回归家庭后，人际关系范围压缩，生活节奏和内容发生变化，其心理上会产生深深的失落感和孤独感。再加上其自身的生理原因及社会对老年人的角色定位对其产生的影响，老年人会失去自信心，觉得自己无能无用。随着年龄的增长，身体机能的衰退，疾病的困扰也成为老年人的心病，让其感觉死亡临近，焦虑且缺乏安全感。多种的弱势心理最终形成了老年人独特的心理特征：自尊与自卑相互缠绕与依托。这种心理必然会对日常的人际沟通产生重要的影响。因此，老年服务从业人员，在与老年人交往沟通的过程中，就要了解他们的禁忌。在言语上多加注意，给予老年人更多尊重，更好地推进服务，从而提高服务质量。

（一）忌讳谈“老”的话题

老年人忌讳别人说自己老了。一是忌讳别人说自己外在的“老”，如“您的头发白得真厉害”“怎么身子佝偻了”；二是忌讳别人说自己内在的“老”，如“您有三高，关节也退化得厉害，身体状况可不乐观”；三是忌讳别人说自己心理的“老”，如“这次见面我发现您的记忆大不如以前了”。老年服务从业人员这样和老年人交流，主观意图可能是好的，但是，老年人听到这句话往往不是怒气反驳就是心中生怨。这是因为老年人忌被人当“废物”，更忌讳被别人说“病”。老年人离（退）休了，不是什么都不能干了，最怕别人说“他们没用”“身体不好”。平时在服务过程中应该多关注老人的一些常见病，但在与老人沟通中应尽量避免流露出让他们联想到“无能感”“身体不好”的言语。

（二）忌讳谈“病”的话题

因为年龄的原因，老年人会出现这样或那样的疾病。老年人不仅要忍受疾病的痛苦，对心理的影响也很大。一些老年人特别惧怕得病，一些老年人无限夸大疾病对自己的危害，甚至出现严重的焦虑。老年服务从业人员，要善于用语言引导这些老年人乐观起来，尽量不去触动老人内心的这根弦。不要总在老人面前议论某某人又得什么病了，这个病不好治，那个病会死人。

（三）忌讳谈“死”的话题

老年人身体机能日渐衰退，已能明显感觉到自己走到生命的夕阳之中，对死亡有着一种本能的敬畏。不管是对死亡有恐惧，还是对死亡很坦然，死亡毕竟在人的心中留存的是一种灰暗与绝望的情绪。而作为服务老年人的我们，需要传递给老年人的是希望与信心，是珍惜和把握美好生活的正能量。所以，老年服务工作中，除非特殊情况，应当尽量避免谈论“死亡”话题。平时与死亡、丧葬相关的事，也忌讳提及，以免引起不好的联想。在老人面前谈论某某人死了，对老人说“您都快死的人了，还管那么多干嘛”等，是对老年人极为不尊重的。

（四）忌讳谈家庭矛盾的话题

在中国人的传统观念里，幸福的家庭应当是父慈子孝，其乐融融。而幸福的家庭是所有老年人的追求与梦想。现实生活中，有许多家庭会有一些纷争和家庭成员之同的矛盾。但是在老年人的心目中，这些“家丑”是不希望被外人说三道四的。老年服务从业人员不要当着老年人的面谈论老人的家庭矛盾，给老人添堵，如“您的孩子怎么总也不来看您呢”。当然，也许老人想向你倾诉，也许你对老人的家庭情况比较了解，但一定不能主动和老人去聊对方家中的事情，避免给老人带来难堪和不快。

在老年服务护理工作中，护理人员会经常碰到老年人对检查、治疗、护理、饮食、休息等问题不理解、不合作或难以接受的情况，常常需要护理人员耐心地解释和说服。

对于高血压的老年人，每周测一次血压，有的患者拒绝检查，主要是因为他们没意识到这种监测的目的是保护自己。王阿姨就是“三高”患者，刚刚开始在养老院的生活，还不是很适应。

一次养老护理员小刘走进房间，说：“王阿姨，请测血压。”

王阿姨拒绝：“不测了，前几天不刚测完嘛！”

小刘耐心地解释：“测血压，是为了检测您的身体情况，您不知道高血压可能导致脑梗，不知道什么原因就死掉了。”

王阿姨一听，吓坏了，同意了。

小刘边准备测血压的物品，边跟王阿姨聊起了家常。

“王阿姨，您这把年龄，就得注意身体保养了，不然以后总得跑医院。”

“噢，知道了。”王阿姨不耐烦地说。

“王阿姨，您儿女呢？怎么没过来看您啊？”

无儿无女的王阿姨，沉着脸没回答。

……

之后虽然顺利地测完了血压，但王阿姨的脸色很不好。

语言表达有忌讳，这是老年服务从业人员特别需要注意的。

任务二 掌握语言沟通技巧

语言是人与人沟通的直接桥梁，不是哑巴就会说话，但会说话不等于可以与人沟通。如何打开话匣子对有些人是一种挑战，如何延续交谈和令人愿意倾诉也是一种挑战，其中各自有技巧。老年服务从业人员面对服务对象，需要掌握语言沟通的技巧，通过语言来拉近双方的距离。以下将对展开话题、维持交谈、结束话语的技巧逐一介绍。

一、话题的维持、展开和结束

（一）展开话题技巧

1. 注意展开话题前的提示

在和服务对象展开话题前，老年服务从业人员需要留意对方的行为态度，这通常会给我们一些提示，知道那是不是一个展开交谈的好机会。

以与老年人的交流为例。正面的提示包括：和老人有眼神接触，能够感觉是否有沟通的愿望；老人有微笑，看起来心情还不错；老人面部表情自然。

负面的提示包括：正在忙于某些事情，如果老人正忙于做一些事情，这时候即便很主动地打招呼，得到的回应效果也不可能好；正与别人详谈中，老人正和自己的伙伴聊得火热，此时护理员想展开工作话题，无疑会让老人很反感；正赶往别处，老人正着急往活动中心赶路，护理员却拦住要说事情，显然不是时机。

当然，护理员自己也应同样发出正面的提示。如果主动跟别人先打招呼，说声“你好”加上微笑以示友好，很容易取得别人好感，从而展开话题。

2. 注意展开话题的形式

邀请式。如，“大爷，您今天看起来精神不错哦!”

问题式。如，“阿姨，这两天感觉怎么样？”

3. 注意展开话题题材

自己：可简单透露自己的感受或近况。如，“我最近工作挺忙的，经常要加班呢。”

对方：从对方身上发掘话题，衣着外表首饰等都是题材。如，“王奶奶，您这件外套真好看。”

当时环境：如，“呀！最近天气凉了许多，早晨起来得加件外套了。”

有时简单但适当的话语，便可把大家的关系拉近。有时候老人不想多作交谈，也可以在倾谈中作出“负面”提示，如，起身，眼向下望或四处张望，不会主动提问或提出任何新话题。不同的人可能会有不同的方式。老年服务从业人员一定要学会通过行为来判断交谈的流畅性。有些人会因害羞或不习惯而变得沉默，不要误以为对方没有兴趣与你倾谈下去，除非对方表现出许多负面的提示。若发现真的话不投机或语言乏味，或对方对你无兴趣，则不宜勉强维持下去，但仍要有礼貌地离开。

（二）维持话题技巧

话匣子打开了后，可以运用漫谈资料、自我提示和共同兴趣来维持话题，也要适当地转换话题。

1. 漫谈资料法

所谓漫谈资料法，是指在回答问题时多透露点漫谈资料，使对方能发掘更多话题，否则谈话会变得很枯燥无味。另一方面，也要留意对方透露的漫谈资料，以便发掘更多话题。下面这个案例中的主人公就很会聊天。

某老年公寓刚刚开始营业，小张在院长的安排下接待老年人及家属来参观和咨询。在陪一对母女参观老年公寓的路上，小张和俩人聊天，打破了沉默，给对方留下了很好的印象。

“奶奶和阿姨家离这里不远吧？”小张问。

“不近呢。我们住在红光大街。”阿姨回答。

“哦。我中学就在那附近的学校读书。那条街很繁华。”小张透露出了自己的信息。

“可是我喜欢安静。”老人也插话了。引出了对方的信息。

“是啊！您看我们这里环境就很好，对奶奶的身体健康大有益处呢！欢迎奶奶来我们这里养老。”

交流的效果很好，不仅提升了服务人员的形象，也展示了机构的优势。

2. 自我揭示法

自我揭示法即自行透露自己的资料，这种做法可以帮助对方更了解自己，并为对方提供谈话题材，作出平衡彼此谈话内容的作用。但注意自我揭示需与谈话内容有关，不宜过多或太长，视对方反应而定。内容可包括三个层次：与谈论话题有关的个人经验；自己对谈论的事项之意见；自己对分享事件之感受。

老人：“小辉啊，休假回来啦？前段时间去了哪儿玩啦？”

辉：“没怎么走远，就在市区转转，去了故宫、北海、颐和园。感觉很好玩，来到北京这么久，有的地方还是第一次去呢。”

老人：“我年轻的时候也喜欢旅游呢，那些地方还真是不错的，你觉得哪儿最好玩呀？”

辉：“我觉得都挺好玩的，不过有的景点门票还挺贵，感觉挺不合理的。”

老人：“是啊！现在什么都涨价。”

3. 找出感兴趣的话题

与老人交谈前，要尽可能了解对方兴趣所在；与老人漫谈之中，要尽快发现对方感兴趣的事物和话题。这样有助于顺利维持话题。

老年群体有共同的兴趣倾向。由于老年人较为怀旧，很愿意别人提起过去经历的事情，特别是自己年轻时候的成就。所以，作为老年服务从业人员多陪老年人聊聊过去的经历、成就，老年人就会很高兴。除此之外，同样是老年人，不同的人也会有不同的感兴趣的事物，有的喜欢画画，有的喜欢书法，有的喜欢垂钓，有的喜欢养花。老年服务从业人员一方面通过间接途径对老年人的兴趣有所了解；另一方面在交谈中去发现老年人感兴趣的话题。

4. 适时转换话题

留意对方是否对谈论中的话题已没有兴趣，或者自己因为其他原因需要终止交谈。如果发现对方对交谈不感兴趣，那就要用漫谈资料的技巧开展新的谈话内容。如果自己想结束交谈，也应该巧妙地进行话题的转移。与老年人交谈中，这种技巧就很重要、很常用。老年人由于受生理和心理因素的影响，总是爱唠叨，服务人员要尽快结束谈话，投入其他工作。在这种情况下我们该如何做？如可以由老人过去的经历转移到现在的养生保健。“爷爷您经历了那么多的事情，为国家作了那么多的贡献，我好佩服您啊！您看您身体现在这么棒，多好啊！您可要好好保重身体。是不是有些饿了？最近觉得咱们这里的伙食咋样？”不硬性打断老人的话题，而又适时转移了话题，引导老人进入了自己感兴趣的话题中。

在与老年人交谈过程中亦需要注意以下几方面。

（1）平衡彼此谈话的内容。无论以漫谈资料或自我揭示法增加谈话的机会，都需避免一方讲得太多或太少。一般情况下，较平均地参与会使双方的交谈自然。护理员也要注意，如果有的老人特别善于说话，自己就应该少发言，多聆听老人。

（2）聆听和回应。在和老人维持谈话时，如果能表示明白对方感受和说话背后的含义，对方会更喜欢和你倾谈，这样能够促进彼此了解，所以聆听及回应技巧亦十分重要。

（3）聆听技巧。

一是集中注意。保持谈话的专注和聆听。

二是不用努力寻找话题，担心下一步要说些什么。我们只管细心去听，掌握对方的说话内容、事件、意见、感受等，以免错过一些重要的信息。

三是留意隐藏的语意。人与人之间的说话有时不很直接，思维要灵活，找出隐藏的意思。在漫谈资料中，细心留意对方说话时的内容和预期，或易地而处，会帮助了解对方感受或言外之意。如，我今天忙得要命，跑了大半天。这可能代表对方想坐下来和你谈话，也可能表示很累，不想进行交谈；那便要留心对方的身体语言，或许要直接提问了。

四是有效记忆。在我们静心聆听之时，也可以把对方的一些重要字眼和资料记下来，稍后便可回应。

（4）回应技巧。在谈话时，如果能表示明白对方感受和说话背后的含义，对方会更喜欢和你倾谈，这样能够促进彼此了解。

一是简单总结对方的内容。当对方用颇多时间谈论自己的经验及感受后，可用自己的说话总结对方刚才的内容。在适当时候，可简单讲出对方的感受，以表示明白。

二是讲出对方观点及感受。

（三）结束话题技巧

1. 预备离开的信息

当谈话停顿得太久或双方感到想结束话题，就应该在适当时候结束谈话，首先要发出预备离开的信息。如，“王老，我也差不多时候要去收拾其他的东西啦，您先休息吧。”

2. 提出再联络的表示

当你发出预备离开的讯息后，通常可提出再联络的表示。如，“下午我再过来看您。”

二、常用的语言技巧

（一）问询和介绍

1. 问询

日常生活和工作中，我们不可避免地会遇到一些不明白、不了解或是不知道的事项需要向人问询。当我们的问询对象是老年人时，我们需注意些什么?怎样问询会更好?这是作为老年服务从业人员必须认识并掌握的知识和技巧。

首先，称呼要礼貌恰当。很多时候我们都会忽视这一点。比如最常见的问询形式之一——问路。问路时我们总会这么说：“哎，请问一下××××怎么走?”这话乍一听是没有问题的。有礼貌用语，句式合乎规范，语气也还温和。可是，这句话里所体现的是对问询结果的关注，而忽视了对被提问者的尊重。对老年人的礼貌称呼主要有“大爷”“大妈”“叔叔”“阿姨”“老人家”等。具体称呼应根据地域习惯、对方年龄、问话场所等来作出恰当的选择。

其次，语速适中、声音洪亮。清晰、准确、完整地说清问询事项。有时会遇到老年人听力不佳，需要反复问询的情况。这时，一定要有耐心，要温和平静地重复自己的语意。

最后，注意使用致谢用语。问询结束后，要向问询对象回应并致谢。不可一言不发，转身离去。如“好的，我明白了，谢谢”或“谢谢，我记下了”等。

2. 介绍

在老年服务从业人员的日常工作中，经常需要向服务对象就某一事项或是某一物品进行介绍。介绍也是老年服务从业人员的重要工作内容和技能之一。在为老年人进行介绍时，应当语速放缓，吐字清晰，还应当尽可能地使用通俗用语，少用专业名词。当服务对象在介绍的过程中有什么疑问时，应停下来，目视对方鼓励其大胆说出并认真倾听解答。在整个介绍的过程中，应该关注服务对象的反应，以便及时调整音量、语速或是表达方式。

（二）安慰与解释

1. 安慰

在人际交往中，我们常常会对正处于烦闷、忧郁、伤心、失落等负面情绪中的交往对象进行安慰。老年人由于自身的或社会的原因，会较多地出现孤独、抑郁、焦虑等负面情绪。老年服务从业人员有责任对老年人进行安慰。事实上，老年人心理十分敏感且脆弱，相比其他人群，他们可能需要更多的安慰与理解。因此在必要且恰当的时间对服务对象进行安慰，这会使得服务对象感受到关注和重视，也会在一定程度上缓解他们心理上的负面情绪。只有恰当的安慰，才能真正起到给予被安慰者支持与关爱的作用。因此。老年服务从业人员应该了解安慰的语言艺术。

（1）安慰身体不好的老人。身体不好的老人被别人伺候，多少都会有些难为情，这时候就会很伤感。我们遇到这样的情况，可用语言转移老人的思维重点。

老人："我都成了废人了。"

服务人员小张："这话怎么说的，您怎么会是废人呢？"

老人："你看我病成这样，什么都干不了，多拖累人呀！"

服务人员小张；"大妈，您身体好的时候，本来什么都能干，而且干了很多。现在老了，身体不好了，晚辈们伺候您、照顾您也是应该的，您不要有什么负担……"

（2）安慰患病的老人。老年人在身体不能自理时，都会表现得比较悲观。我们遇到这样的老人，就应当引导老人积极地想问题。

老人："你说说我怎么这么倒霉呀？"

服务人员小 A："怎么了？"

老人："为什么就让我摊上这个病？"

服务人员小 A："大妈，以前毛主席说过，对世界大战，我们有两条原则：第一条反对；第二条不怕。对待生病，咱也是这两个原则。谁也不愿意生病，但是，既然已经病了，咱就得积极配合治疗，好好康复。自己心里别老想着自己的病，您的病就好了一半了……"

（3）安慰有轻生念头的老人。有些老年人总是把死挂在嘴边上，这一方面是对死亡的恐惧，另一方面也是觉得活着没有意义。对于这种情况，我们应当大方自然地回应和安慰，不能回避和躲闪。

老人："我这么活着真是多余。"

服务人员："为什么呢?"

老人："这病也好不了了，活着也是受罪，还不如死了算了。"

服务人员："大妈，我可不赞成您这么说，俗话说，好死不如赖活着。咱们每个人能活着本身就都是一个很大的奇迹。只要好好活着，没准儿哪一天，科学取得重大突破，您的病还能治好呢……"

总而言之，当我们的安慰对象是老年人时，我们一定要注意不能让自己与对方一起陷入负面情绪中，更不能陪着对方一起伤感，一起掉眼泪，这样只会增加安慰对象的心理负担和压力。我们给予服务对象安慰的目的是帮助他们减轻或摆脱负面情绪，我们传导给对方的应该是积极的正能量，是支持与引导。

2. 解释

解释分为主动解释和被动解释两种。解释是对事物的现象、过程、状态、道理等进行描述，以说明其含义、原因、理由等。

（1）主动解释。主动解释多为服务对象对服务人员及其服务活动表现出疑虑或是可能会产生某种误会时，由服务人员主动作出解释。老年服务从业人员想要为老年人提供优质服务，一个非常关键的要素就是要赢得服务对象的接纳和信任。而这种接纳和信任的建立和维护需要服务人员从始至终的重视和努力，包括学会在恰当的时间用恰当的方式作出解释。

首先，解释应及时。第一，当服务人员得知某事项可能会给服务对象带来疑虑或是不快时，就应及时地向服务对象就该事项作出解释，以期得到对方的理解和原谅；第二，当服务人员的某项必要活动或是某项事物是服务对象所不熟悉、不了解的时候，应首先把相关事项向服务对象阐述清楚。

其次，解释应真诚、合理。在向服务对象作出解释时，一定不能与事实和常理相悖。若解释经不起推敲，或是不能自圆其说，会让自己的信用在服务对象面前彻底垮塌。

再次，解释应符合服务对象的心理及情感特点。这就是我们有时候说的"善意的谎言"。很多时候，为了抚慰或是顺应老年人的情感需求和健康状况需要，我们需要用并不一定真实的原因或理由去向对方作出解释。

（2）被动解释。被动解释是老年服务从业人员应对服务对象的要求对某一事物作出的说明。在这种情况下，服务人员不仅仅要及时合理、顺应情势地作出解释，还有以下几点需要特别注意。一是不厌其烦。老年人心有疑虑时总会反复询问，老年服务从业人员一定不能表现出不耐烦或是不想再解释的态度，而应心平气和地跟老人解释，有问必答。二是淡定从容。如果老年服务从业人员在这个时候表现出混乱或者焦躁，就会加重服务对象的疑虑和担心，会使得原有的误会进一步扩大，服务人员应学会举重若轻。三是不惧冷眼。如果服务对象真的对服务人员或其所在机构有所误会的时候，他们可能会冷眼相待，对服务人员的解释置若罔闻或是粗暴打断，这时，就需要服务人员平和应对，对对方的态度多一些包容和理解，并观其形势寻找合适的时机再行解释。

（三）致歉与致谢

1. 致歉

无论是在生活中还是工作中，我们都难免有做错事或是因为给别人带来困扰和不便而需要向人致歉的情况。因此，我们必须了解道歉的要点和方法。向人致谦的关键在于：谦虚的心态、得体的用语。这句话同样适用于老年服务从业人员与服务对象之间。

第一，道歉需及时。一旦知道自己发生错误或是失误就应当第一时间道歉。拖得越久，对方就会越生气窝火，越容易让对方误解，进而扩大当事人双方的矛盾。而且在事件发生的当下即时道歉可以避免当事人之间的冲突，使得双方退一步海阔天空，免得因小失大。

第二，道歉要大方。做错事没关系，虽要求致歉者态度谦逊，但不要过分贬低自己，否则容易被人看不起或是使对方得寸进尺。

第三，道歉用语应当文明规范。当心感有愧他人之时，应说“深感歉意”“非常惭愧”；当渴望对方原谅时，“多多包涵”“请您原谅”是恰当表达；在有劳别人时，说一声“打扰了”“麻烦您了”；而一般场合下，致歉应说“对不起”“很抱歉”“失礼了”即可。

第四，可借物致歉。有些道歉当面难以启齿，可写信或是借物表达心中的歉意。如黄玫瑰和灯笼花的花语是道歉。

需特别提到的是，道歉并不是万能的。有些情况下，道歉不仅不能让对方接受，还有可能在对方情绪激动时火上浇油，事与愿违。所以不该道歉时不要道歉，不如用实际行动打动对方。

2. 致谢

我们每个人在一生中都会遇到麻烦、困难或者不幸，也常会得到他人热心的帮助。得到他人帮助之后，你自然会想到感谢。对他人的帮助表示由衷的感谢，这是完全应该的，也是人之常情。老年服务从业人员在工作中与服务对象之间的关系是工作和情感的双重关系。这样一来，当我们受到服务对象的帮助之时，一份真诚的感谢将是给予对方最好的感谢回馈。

第一，要及时而主动地表示感谢，以显示真诚。尽管许多人帮助他人并不指望得到回报，但对于受帮助的人来说，一定要及时而主动地表示真诚的感谢，这将成为人际关系最好的推动剂。

第二，要诚实守信，许下的诺言绝不打半点折扣。有时，为了能尽快解除自己的麻烦或困难，我们会公开寻求帮助，并许下诺言：一旦帮助成功，给予某种方式的酬谢。这也不失为一种行之有效的方法。但一定要恪守诺言，绝不能说话不算数。不管对方付出的劳动如何，不管对方是出于何种动机，只要确实给你提供了帮助，就应该不折不扣地兑现诺言。

第三，要根据不同的对象，选择恰当的途径和方法。感谢他人的途径和方法是多种多样的，除了物质的表示外，还可以通过其他形式。要根据帮助者的身份、职业、性格、文化程度及经济状况等具体情况来选择最恰当的形式，不要以为送贵重的礼物就是真诚的感谢，也不要以为无限地夸奖就是感谢。感谢别人，不能一概而论，而要因人而异。对于老年服务从业人员来说，除了口头致谢外，还可以通过与服务对象的接触了解为对方送上更实用且贴心的小礼物。更要始终记得，对其真诚的关爱就是最好的感谢。

第四，要掌握好感谢的度。力求做到合理与恰当。和做其他事情一样，感谢别人也要掌握分寸，力求适度，过分和不足都不妥。

第五，表示谢意是一种感情行为，不能一次性处理。帮助与感谢是一种感情的交流行为。对方帮助你，这本身就是一种情的表现，对情的回报，除了物质上的必要馈赠之外，最好还用同样的情来报答。这样才能体现出人与人之间的温暖，才能建立更加密切的人际关系。

（四）推销与劝说

1. 推销

随着社会生活的丰富和老年人生活观念与消费观念的变化，有越来越多的老年服务相关产业得到了蓬勃发展，市面上出现了越来越多的老年产品。作为特殊的消费群体，老年人的消费观念和消费心理与其他人群有一定的不同。从事老年产品销售的人员，应当在熟悉老年人心理特点和消费习惯的基础上，掌握一定的推销技巧，以推动工作的顺利开展。在职业道德的内在要求下，我们要强调的是老年产品营销也是一种服务，应当切实从保护老年人的消费权益出发，为老年人的生活和健康消费提供好服务。现在，就让我们了解一下推销的基本语言技巧。

（1）语言技巧之封闭式提问。如，“老人家，您喜欢蓝色的还是喜欢黄色的?”当服务对象可以选择的目标物范围较窄时，可以以这种方式引导对方。其优点足能够缩小服务对象选择的范围，节约选择时间。

（2）语言技巧之语言加法。如，“阿姨，您可以选择这种钙片，它有好几种口味可以选择，最重要的是适合您的补钙需求。”这是让服务对象全面了解所面对产品的最便捷方式。但需注意的是，要实事求是，不能夸大其词。

（3）语言技巧之语言减法。如，“大爷、大妈，这种优惠活动一年只做一次，平时价格是这个的两倍。如果错过了这个机会，就得再等一年，况且明年有没有这样的优惠谁知道呢?”当服务对象对是否购买物品或是选择物品犹豫不定时，服务人员可采用这种方法帮助服务对象梳理思路，尽快决定。

（4）语言技巧之语言除法。如，“老人家，这东西虽然听起来挺贵的，但您算算，一年 365 天，平均每天才花几块钱。”对于价格比较敏感的老年消费者，这种语言技巧往往会在推销活动中产生很好的效果。

（5）语言技巧之卷芭蕉法。即先顺着客人的意见，再转折阐述。如，“您说得对，这个东西确实不便宜。不过科技含量高的东西价格肯定不低，我们更看重的是它比其他的同类产品好用，值得这个价。”不直接否定服务对象的判断，而是顺其思路进行引导，这样会更有利于消除服务对象的排斥。

（6）语言技巧之借人之口法。如，“这东西用过的顾客都说好，我在这儿工作三年了，一起关于质量的投诉都没有。”许多时候，消费者会更看重别人对某一事物的看法和判断。这种语言技巧可以激发消费者的购买欲。

（7）语言技巧之赞语法。如，“这个东西是我们这里的镇店之宝，您真有眼光!”对服务对象中意的某样产品给予肯定和称赞，能够让对方产生愉悦的心理感受，强化其对购买中意物品的愿望。

（8）语言技巧之亲近法。如，“您是老顾客。您看中的东西我一定会在价格上给您优惠。”对老年人的重视和关注会让其愉悦购物。在向老年人推销某种产品或是服务时，除了掌握基本的推销语言和技巧外，还需端正心态，耐心细致，让服务对象的购物行为成为一种愉悦的享受。注意，一定不能对再三询问、谨慎小心、消费能力相对较低的老年顾客表现出不耐烦或是轻视。

2. 劝说

一些老年人会敏感、多疑、缺乏安全感。很多时候，他们会抱怨或是情绪不稳定。作为老年服务从业人员，我们要在为老年人提供服务的过程中，关注服务对象情绪和心态上的动向，适时地给予他们劝导，帮助他们平复情绪，开阔心境。而在对老年人进行劝说时，同样要讲究方式方法。

任务三　学会运用非语言符号

非语言也指无声语言，这种沟通是相对于有声语言沟通而言的，是指通过身体动作、体态、语气语调、空间距离等方式交流信息、进行沟通的过程。在沟通中，信息的内容部分往往通过语言来表达，而非语言则作为提供解释内容的框架，来表达信息的相关部分。

一、类语言、语气和语速

（一）类语言

类语言是人发出的有声而无固定语义的信息传播，如各种笑声、哭声、叹息、呻吟、叫声等。这是因为人的信息沟通离不开感情的表露和传递。我们在与服务对象沟通交流时，情感的交流是非常重要的一环。所以，类语言的使用可以为语言交流助力，并进一步融洽服务人员与服务对象之间的情感联系。

（二）说话时的语气

感情的传递在很大程度上取决于“怎样说”，而不完全是“说了些什么”。而这个“怎样说”中非常重要的因素就是使用什么样的语气来说。我们已经知道，老年人是敏感而又自尊的，这就要求我们在与他们对话和交流时多一些肯定，少一些否定；多一些平和，少一些激动；多一些理解，少一些评论。

1. 多用肯定句，少用否定句

要学会给老年人适当适度的夸奖。多数老人像小孩子一样，喜欢别人的赞美和夸奖。虽然我们不能像夸小孩子那样“你好漂亮”“你好可爱”等话语去评价老人，但用“您身体真好，真硬朗，一点儿也不显老”等话语与老人交谈时，老人一定心里很高兴。只要真诚、慷慨地多赞美他，他就高兴，那谈话的气氛就会活跃很多。当我们在为服务对象提供服务或是与之交往时，即使是遇到服务对象有不正确的心态和行为需要纠正，也不要用以下词语作为口头禅：“您说得不对，我认为是……”而应该这样说：“我理解您的意思，不过考虑一下您的处境和目的，能不能还有其他可能……”

2. 轻缓平和，推己及人

在与服务对象对话时，服务人员应当带着对当事人的共情、理解与关切进行。首先老年服务从业人员的主要服务对象——老年人，通常听力和理解力都处于衰退期，我们必须根据他们的生理和心理特点来采用说话的语气和方式。对老年人说话时，要语速减慢且声音稍大，咬字清晰。但是这里的声音稍大所指的是音量，而不是音调。不能把音量与音调相混淆。音调表示人的听觉分辨一个声音的调子高低的程度。通常情况下，音调高则轻、短、细；音调低则重、长、粗。

当一个人说话音调高时，接收者听觉所受的刺激相对较强，听久了会产生听觉疲劳，进而引来情绪上的焦躁或是排斥。而一个人说话音调平和，则会更适应听觉的特点，让人感觉平静、舒适，更有利于信息的传递。对于听力本来就有所损失的老年人来说，采用中音调和低音调要比高音调更适合他们的心理和生理特点，这就是我们所说的语气平和。另外，与服务对象交往时，我们应当时刻注意自己所用的语气，说话的内容是否让服务对象感到被尊重、被关注。事实上，推己及人是所有人在人际交往中都应该做到的。它要求我们换位思考，理解对方。

在养老机构，护理员在面对服务对象时，谈话的语调要注意因人而异。老人年龄大了，普遍听力不好，可以适当地将声音放大，但不是所有人都要将声音放大。不恰当的语调会让老人产生误会，如有的老人听力很好，护理员仍旧很大声音交流的话，对老人就是一种不尊敬的行为。

（三）说话时的语速

老年人因为听力和思维的衰退，接受语言信号并进行语意加工处理的速度会降低。这就要求我们与服务对象进行语言交流时，适当地放慢语速。正常的普通话说话语速是每分钟 150～170 个字，而与老年人交流时的语速应该放到每 120～140 个字。这个语速还取决于交流对象的具体情况。一般而言，与交流对象的语速大体保持一致为佳。

二、情态语言

（一）面部表情

面部是最容易引起人们注意的部位，是非常复杂的表情判断渠道。面部表情基本上可以分为惊讶、害怕、生气、嫌恶、伤心，可同时多种结合在一起。若对对方或当时的情况了解的话，可能很正确地判断出对方面部表情所代表的情绪。与人交往时，面部表情宜生动，并要配合说话内容。笑容是面部表情重要的一环。一个友善的笑容，表示友善，愿意开放与人交往。别人接收到这个友善的信息后，也较愿意接近及与你交往。

老年服务从业人员在与服务对象沟通时，一定要注意通过对方的面部表情来判断沟通的时机和方式方法。

（二）目光接触

目光接触，是人际间最能传神的非言语交往。“眉目传情”“暗送秋波”等成语形象地表达了目光在人们情感交流中的重要作用。

适当的目光接触是敬意和注意的有力象征。眼神接触能有力地表示出你的态度，如服从、胆怯、愤怒，亦是开放话语的重要技巧。眼神接触要自然，不要过于频繁或逃避眼神，或以敌视的眼望着对方。与人交流时不需全程望着对方眼睛，可不时转移至对方面部的其他地方，如鼻等部位，这样会较自然。

老年服务从业人员在与服务对象沟通时，要注意眼神的交流。在和老年人交流时，得让老人感受到你是在认真听他讲话，使沟通容易进行。

（三）微笑

微笑来自快乐，它带来快乐也创造快乐。老年服务从业人员与服务对象交流时微微笑一笑，双方都从发自内心的微笑中获得这样的信息：“我是你的朋友”。微笑虽然无声，但是它表达出了许多意思，如高兴、欢悦、同意、尊敬等。作为一名职业老年服务从业人员，应时时处处把“笑意写在脸上”。

非语言沟通大部分用于表达人类的情绪，对语言内容有强化功效，同时也能显出与语言不同的意思，我们必须留意。

有时非语言沟通是模棱两可的，亦很个人化的，很难正确了解其意思导致有所误解，需要与对方澄清确定。作为老年人服务从业人员，一定要注意日常的积累，时刻关注服务对象的非语言符号，合理利用个人的非语言符号，这样才能更好地将服务工作做好。

小贴士

我们与老人接触的时候要注意些什么？

（1）安全。永远要摆在第一位！要小心地滑，扶好老人。如，老人坐上轮椅时，一定不要让轮椅动而导致坐空，推轮椅动作要缓慢，老人的脚要放好，双手一定要放在大腿上，不要离开扶手的范围。

（2）老人记性多数不好，避免问：“你还记得我吗？”而应说：“我又来看您啦！”老人觉得被重视了，会高兴很多。

（3）尊重老人的习惯：不要动老人房里的摆设和其他物品，如，有些女性老年人习惯把剪刀、药油摆在床上，提醒她们注意安全就好。

（4）不要随便给老人吃你带去的东西。

（5）时刻留意老人的变化。如冷、热、咳、渴、要方便等，以便能及时处理。

（6）不要嫌弃老人，要把老人看成是自己的亲人一样对待，关怀备至。

三、身势语言

（一）身体姿势

你的身体摆出来的姿势等于告诉别人，你希望和别人有什么样的交往关系、对方所说的事你有没有兴趣。双手交叉或双腿交叠得太紧，都是封闭式的姿势，显示你紧张的心绪或没有兴趣和别人交往；双手不交叉，双腿交叠而方向指向对方或微微张开，都是开放式的姿态，这些姿势被理解成你精神放松，而且愿意和别人保持交往；面向别人并向前倾斜是非常重要的姿势，显示敬意和投入。

上一个模块中讲过老年服务从业人员日常姿态的重要性，特别是在与老人交谈时，一定要注意个人姿态，不能傲慢、无礼。

（二）握手

握手是一种礼仪。人与人之间、团体之间、国家之间的交往都赋予这个动作丰富的内涵。一般说来，握手表示友好，是一种交流，可以沟通原本隔膜的情感，可以加深双方的理解、信任。可以表示一方的尊敬、景仰、祝贺、鼓励；也能传达出一些人的淡漠、敷衍、逢迎、虚假、傲慢。握手的次数也许数也数不清，印象深刻的可能只有几次：第一次见面的激动，离别之际的不舍，久别重逢的欣喜，误会消除、恩怨化解的释然等。

在工作中，老年服务从业人员也要注意握手对双方交流带来影响。如，在面对新入住机构的老人或者老人家属时，恰到好处的握手不仅能为个人加分，也能为进一步沟通奠定很好的基础。在面对其他人员来到养老院时，恰当的握手很能体现养老院的综合素质。

一般是先打招呼或点头示意，然后相互握手、寒暄致意。关系亲密的边握手边问候，时间可长一些。

初次见面的，则应听完介绍之后轻轻相握，握一下即可。

年轻者对年长者、身份低者对身份高者应稍稍欠身，以双手握住对方的手，以示尊敬。男子与妇女握手时，往往只握一下妇女的手指部分。

握手时，双目应注视对方，微笑致意或问好；不要看着第三者握手。对方如伸出手来，不要拒绝，以免尴尬。

握手的先后顺序是：主人、年长者、身份高者、妇女先伸手；客人、年轻者、身份低者见面时先问候，待对方伸手再握。

多人同时握手时，注意不要交叉，等别人握完再伸手。

男子在握手前，应先脱下手套、摘下帽子。

标准的握手姿势：伸出右手，以手指稍用力握对方的手掌，持续 1～3 秒钟，双目注视对方，面带笑容，上身要略微前倾，头要微低。

女士若不打算与向自己首先问候的人握手，可欠身致意，不要视而不见或者扭身离去。

与他人握手时，手应该是洁净的，否则会给对方以不舒服、不愉快的感觉。与多人握手时间应大体相同，不要给人以厚此薄彼的感觉。

长时间地握着异性的手不放是不礼貌的。男士与女士握手，时间要短一些，用力要更轻一些，一般应握女士的手指。

握手时一定要用右手。用左手与人相握是不合适的。在特殊情况下用左手与人相握应当说明或者道歉。

在某些情况下，如老友久别重逢，或会见嘉宾时，握手的时间可以稍长一些，还可以伸出左手去握住对方右手的手背，两手做紧握状，不过这种方式不能对女士或初次相识者使用。

在正常情况下，坐着与人握手是不礼貌的。握手时，应站起身来表示礼貌。

（三）手势

手臂姿势，通常称作手势。它指的是人在运用手臂时，所出现的具体动作与体位。它是人类最早使用的、至今仍被广泛运用的一种交际工具。在一般情况下，手势既有处于动态之中的，也有处于静态之中的。在长期的社会实践过程中，手势被赋予了种种特定的含义，具有丰富的表现力，加上手有指、腕、肘、肩等关节，活动幅度大，具有高度的灵活性，手势便成了人类表情达意的最有力的手段，在体态语言中占有最重要的地位。

老年服务从业人员说话时可以适当地配合手势的运用，加强内容表达和感染力，不过要注意手势运用要自然，不要太夸张。不经意地咬指甲、紧张地握拳、扳折手指关节等都会传达出一些不同的情绪。当一个人想表达他的友谊时，通常是张开手臂。

有时候对老年人进行生活照料时，需要服务人员通过手势来做引导。如，为服务对象指示物件所放的位置，引导安全通道及危险处，配合语言内容指示话语中的对象，引导服务对象的视线落点等。在进行指引时，应该手心向上，五指并拢，指尖朝向所指物体方向。

小贴士

使用手势的要求：规范、合乎惯例 、适度

（1）垂手。双手指尖朝下，掌心向内，在手臂伸直后分别紧贴于两腿裤线处；双手伸直后自然相交于小腹处，掌心向内，一只手在上另一只手在下地叠放或相握在一起；双手伸直后自然相交于背后，掌心向外，两只手相握在一起。

（2）桌上。身体靠近桌子，尽量挺直上身，将双手放在桌子上时，可以分开、叠放或相握。不要将胳膊支起来，或是将一只手放在桌子上，一只手放在桌子下。

（3）递物。双手为宜，不方便双手并用时，也要采用右手，以左手通常视为无礼；将有文字的物品递交他人时，须使之正面面对对方；将带尖、带刃或其他易于伤人的物品递于他人时，切勿以尖、刃直指对方。

（4）展示。将物品举至高于双眼之处，这适于被人围观时采用；将物品举至上不过眼部，下不过胸部的区域，以适用于让他人看清展示之物。

（5）指引。横摆式，即手臂向外侧横向摆动，指尖指向被引导或指示的方向，适用于指示方向时；直臂式，手臂向外侧横向摆动，指尖指向前方，手臂抬至肩高，适用于指示物品所在；曲臂式，手臂弯曲，由体侧向体前摆动，手臂高度在胸以下，适用于请人进门时；斜臂式，手臂由上向下斜伸摆动，适用于请人入座时。

（6）招手。向近距离的人打招呼时，伸出右手，五指自然并拢，抬起小臂挥一挥即可；距离较远时，可适当加大手势；不可向上级和长辈招手。

四、空间距离

（一）空间距离是一种空间“语言”

空间距离，指的是社交场合中人与人身体之间所保持的距离间隔。交往双方的人际关系以及所处情境决定着相互间自我空间的范围。空间距离是无声的，但是它对人际交往具有潜在的影响和作用，有时甚至决定着人际交往的成败。美国人类学家爱德华·霍尔博士划分了四种区域或距离，各种距离都与对方的关系相称。人们的个体空间需求大体上可分为四种距离：公共距离、社交距离、个人距离、亲密距离。

我们每个人都有自己的空间，都应该尊重别人的领域和空间，被“侵犯”不能接纳，所以“侵犯”他人空间必然会影响互相的交往。

（二）根据实际情况来选择合适的空间距离

在为老年人服务的过程中，服务者在与服务对象的交流中要注意距离的把握，不是说离得越远远好，要根据实际情况来选择合适的距离。如，有的老人听力很好，就没有必要离得很近，那样反而会招致老人的反感；有的老人听力不好，就应该靠近一些，方便交流，此时离得太远，会让老人产生不愉悦的情感。

与老年人交流，最好是和老年人持平，尤其是视线的持平，这样老年人也不至于抬头或者是低头，引起不适。

小贴士

记住四种空间距离

亲密距离（0～0.5 米），通常用于父母与子女之间、情人或恋人之间，在此距离上双方均可感受到对方的气味、呼吸、体温等私密性刺激。

（1）密切距离——接近型（0.15 米）。这是为了爱抚、格斗、安慰、保护而保持的距离，是双方关系最接近时所具有的距离。这时语言的作用很小。

（2）密切距离——较近型（0.15～0.45 米）。这是伸手能够触及对方的距离。是关系比较密切的同伴之间的距离，也是在拥挤的电车中人与人之间不即不离的距离。

个人距离（0.45～1.2 米），一般是用于朋友之间。此时，人们说话轻柔，可以感知大量的非语言信息。

社交距离（1.2～3.5 米），用于具有公开关系而不是私人关系的个体之间，如上下级关系、顾客与售货员之间、医生与病人之间等。

公众距离（3.5～7.5 米），用于进行正式交往的个体之间或陌生人之间，这些都有社会的标准或习俗。这时的沟通往往是单向的。

（1）公众距离——接近型（3.6～7.5 米）。如果保持 4 米左右的距离，说明说话人与听话人之间有许多问题或思想待解决与交流。

（2）公众距离——远离型（7.5 米以上）。

任务四　实操与模拟

一、语言规范训练

老年服务从业人员保卫着老人们的生命和健康。由于护理工作的特殊性，老年服务从业人员的一言一行都关系到病人的生命和健康。使用职业用语是对老年服务从业人员的基本要求。

（一）训练目的

熟练掌握老年服务职业用语，熟练运用老年服务职业用语与老年人交流。配合恰当的洽谈技巧达到最佳交流效果。

（二）训练准备

1. 环境准备

可选择模拟护理教室作为语言交流环境，要保证交流环境安静、舒适、光线适宜、不受干扰，使学生在轻松、自然、和谐的氛围中交流。

2. 学生准备

服装得体、衣帽整齐，符合模拟交流场景。表情端庄、仪态大方，符合老年服务从业人员的角色形象。态度认真、一丝不苟，符合语言礼仪规范。

3. 情境准备

学生可以按训练要求，根据到老年服务机构实习内容，自行设计交流场景，选择交流话题，分配扮演角色，安排合理的语言，完成训练内容，达到训练目的。

可以参考以下案例。

王先生，65 岁，已婚，育有一儿一女。退休前是国有企业的工程师，长期患有糖尿病，个性急躁、耿直，乐于助人，喜欢结交朋友，退休后在老年活动中心参加乒乓球训练，还参加了老年大学的烹饪学习。来到养老院生活后，由于生活规律的改变，远离了球友、老年大学的同学，加上思念 6 岁的小孙子，常表现得情绪低落。请老年服务从业人员通过良好地沟通，得到王先生的信任，一起回顾以往的生活，建立良好的关系，接受老人的情绪宣泄，做好心理安抚。

（三）训练方法

1. 训练内容

与老人交流中，运用文明礼貌用语、赞美性语言、安慰性语言、鼓励性语言、解释性语言、劝说性语言、保护性语言，杜绝禁忌用语。同时恰当使用语言沟通技巧，达到最佳交流效果。

2. 训练指导

以小组为单位，由组长负责，教师安排分组练习任务，提出训练要求并引导学生角色扮演，组织情境对话和语言规范练习。教师巡视检查，个别指导，以小组为单位鉴定打分，适当地为优秀学生提供展示机会，最后由主讲教师总结训练情况，传授经验，记住教训。

3. 训练要求

根据具体情境，合理、灵活地使用老年服务职业用语，同时恰当运用洽淡沟通技巧。

4. 训练注意事项

禁用以下语句。

（1）有事快说。

（2）不知道，问别人去。

（3）快下班了，明天再来。

（4）说了半天，您怎么还不明白。

（5）这事我不管，想找谁找谁去。

（6）他不在，到外边等着去。

（7）你这人怎么事儿这么多。

（8）你懂不懂，这是政策规定。

（9）上面都写着呢，自己看去。

（10）谁给你说的（谁答应你的）找谁去。

（11）有话就说，你管我姓什么。

（12）你着什么急，没看我正忙着哩。

（13）刚才给你说过了，怎么还问。

（四）效果评价

1. 学习态度评价

着装整齐，仪表端庄大方，情境设计合理，练习过程严肃认真、一丝不苟，按要求完成训练内容。

2. 能力发展评价

合理使用老年服务职业用语，恰当使用语言沟通技巧完成交流，达到交流目的。

3. 创新意识评价

善于观察、发现问题，有自己的独立见解，具有评判性思维，灵活地处理和解决突发问题。

二、非语言符号沟通技巧训练

（一）训练目的

通过训练，掌握非语言沟通技巧，能自行纠正错误并形成习惯，能够根据不同环境熟练运用不同的非语言技巧，展现较高素质。

（二）训练准备

1. 环境准备

可选择模拟护理教室作为语言交流环境，要保证交流环境安静、舒适、光线适宜、不受干扰，使学生在轻松、自然、和谐的氛围中交流。

2. 学生准备

服装得体、衣帽整齐，符合模拟交流场景。表情端庄、仪态大方，符合老年服务从业人员的角色形象。态度认真、一丝不苟，符合语言礼仪规范。

3. 情境准备

学生可以按训练要求，根据到老年服务机构见习内容，自行设计交流场景，选择交流话题，分配扮演角色，安排合理的语言，完成训练内容，达到训练目的。

参考案例如下。

在某养老院生活多年的李大爷，已经 80 岁了。最近身体不适，在养老院工作人员的陪同下去指定医疗单位某老年康复中心抽取血液标本做生化检查。进门时因腿脚不便，绊倒在医院 5 厘米高的门槛上，造成左侧股骨骨折。进行手术后，李大爷回到养老院静养，由于长时间不能下床走动，生活也完全不能自理，心情比较烦躁。今天非得吵闹着下床去找老友们下棋，把床头柜上的物品都丢到地上，李大爷的儿女也赶来规劝。请老年服务从业人员通过良好的沟通，安抚李大爷的情绪，让他安心静养身体。同时，将李大爷的基本情况与家属做好沟通，得到家属的支持。

（三）训练方法

1. 训练内容

与老人交流中，运用合适的面部表情、目光接触、身体姿势以及声线，配合握手、手势、微笑的使用。同时恰当使用语言沟通技巧，达到最佳交流效果。

2. 训练指导

以小组为单位，由组长负责，教师安排分组练习任务，提出训练要求并引导学生角色扮演，组织情境对话和语言规范练习。教师巡视检查，个别指导，以小组为单位鉴定打分，适当地为优秀学生提供展示机会，最后由主讲教师总结训练情况，传授经验，记住教训。

3. 训练要求

根据具体情境，合理、灵活地使用非语言符号沟通技巧。

（四）效果评价

1. 学习态度评价

着装整齐，仪表端庄大方，情境设计合理，练习过程严肃认真、一丝不苟，按要求完成训练内容。

2. 能力发展评价

合理使用非语言符号沟通技巧，恰当使用语言沟通技巧完成交流，达到交流目的。

3. 创新意识评价

善于观察、发现问题，有自己的独立见解，具有判断能力，灵活应变地处理和解决突发问题。

思考题

1. 请简述如何通过平实的语言表达来增进与老年人的亲近感。
2. 请简述如何通过得体的语言表达对老年人的用心。
3. 请简述话题的维持、展开和结束的技巧。
4. 请简述如何使用情态语言来辅助与老年人的沟通。

参考文献

北京大学哲学系外国哲学史教研室，1982. 古希腊罗马哲学[M].北京：商务印书馆，1982.

宾平，2007. 论我国公民法律意识的培养[J]. 华商（02）：56-60.

陈徽，1999. 意志自律与慎独[J]. 安徽大学学报（哲学社会科学版）（06）：72-76.

陈卓颐，2007. 机构养老护理高素质人才培养探讨[J]. 长沙民政职业技术学院学报（04）：77-79.

陈卓颐，黄岩松，罗志安，2006. 关于提高养老照护人员素质的思考[J]. 中国老年杂志（26）：280-281.

程立涛，2003. 尊重在公民道德建设中的地位和作用[J]. 石家庄师范专科学校学报（01）：13-17.

弗里德里希·包尔生，1988. 伦理学体系[M]. 何怀宏，译. 北京：中国社会科学出版社.

高达玲，2011. 护理礼仪与形体训练[M]. 南京：东南大学出版社.

高雅珍，熊亮，2014. 职业道德[M]. 上海：格致出版社.

黄月辉，2007. 论道德自律的实现途径[J]. 湖北社会科学，2007（04）：60-63.

贾海丽，2013. 青少年道德养成教育研究[D]. 包头：内蒙古科技大学.

金开诚，1996. 屈原集校注[M]. 北京：中华书局.

金正昆，2009. 社交礼仪教程[M]. 北京：中国人民大学出版社.

李明，2013. 同情与恻隐[D]. 北京：首都师范大学.

李亚东，聂民玉，2010. “以德润身，诚意慎独”——“慎独”及其现实意义[J]. 保定学院学报（4）：18-20.

刘东，2011. 企业如何提高员工工作积极性[J]. 中国城市经济（29）：76-81.

刘桂瑛，2014. 护理礼仪[M]. 北京：人民卫生出版社.

刘胜梅，陈延斌，2007. 道德养成、道德内化及其对未成年公民道德建设的启示[J]. 南京林业大学学报（人文社会科学版）（6）：29-33.

刘晓燕，2010. 老年服务与管理专业学生职业道德培养的新探索[J]. 史教资料（1）：178-180.

刘永涛，云凤飞，2011.论公民法律意识的培养[J]. 山东省工会管理干部学院学报（02）：39-43.

罗杰，杨珍，2014. 护理伦理学[M]. 武汉：华中科技大学出版社，2014.

马利文，陈会昌.2005. 尊重的心理学本质与内涵[J]. 教育理论与实践（08）：49-53.

孟令君，贾丽彬，2013. 老年服务伦理与礼仪[M]. 北京：北京大学出版社.

彭林，2006. 礼乐人生[M]. 北京：中华书局，2006.

善成德 2012.荀子道德哲学的理性主义进路及其当代启示——一种德性伦理学的视角[J]. 北京师范大学学报（社会科学版）（6）：64-72.

沈明霞，2015. 学会关心：环境教育理念对教育改革的启示[J]. 教育发展研究（04）：43-47.

苏艳梅，2012. 论慎独修养对护理专业学生的现实意义[J]. 辽宁师专学报（社会科学报）（5）：57-59.

唐志为.传统孝与社会主义新孝道[J]. 湘潭师范学院学报（社会科学版），2006，28（4）：21.

陶红敏，2012. 老年道德关怀研究 ——以提升老年人口生活质量为视角[D]. 北京：北方工业大学.

解登峰，葛明贵，谢章明，2011 老年人心理健康状态的影响因素[J]. 中国老年学杂志（02）：39-43.

王登峰，黄希庭，2007. 自我和谐与社会和谐——构建和谐社会的心理学解读[J]. 西南大学学报（人文社会科学版）（01）：72-75.

王殿卿，2004.文化、道德、德育[M]. 北京：中华工商联和出版社.

王健，石晓燕，2011. 建设“专志结合”的高素质居家养老服务队伍的思考[J]. 社会工作（学术版）（10）：49-51.

王正平，2004. 中国传统道德论探微[M]. 上海：上海三联书店.

吴一裕，2011. 论经济发展与公民法律意识的培养[J]. 中共四川省委党校学报（01）：25-29.

徐霞，2012.探析当代大学生社会公德意识缺失的原因及对策[J]. 管理学家（12）：3-9.

杨剑丰. 尊重：一个后现代社会的伦理态度[J]. 哲学与文化，2005（6）：1-4.

杨芷英.自省慎独与当代青年道德人格培育[J]. 中国青年政治学院学报，2000（1）：

22-24.

尹贻栋，2006. 以人为本 爱岗敬业——实现个人价值与企业发展的和谐统一[J]. 职业（S1）：49-52.

于淼，刘晓虹，2008. 老年心理健康的研究进展[J]. 解放军护理杂志（01）：58-60.

詹奕，李海峰，陈天勇，等，2015. 老年人的家庭和非家庭社会关系与生活满意度的关系[J]. 中国心理卫生杂志（08）：69-71.

张白，2010. 社会化养老服务人才的培养培训研究[D]. 济南：山东大学.

张枫，2009. 谈爱岗敬业的不同层次和内涵[J]. 中小企业管理与科技（上旬刊）（07）：49-53.

张静，张丽霞，2009. 将志愿服务机制引入养老服务问题的研究[J]. 西北人口（1）：47-50.

张晓霞，2015. 全国孝老爱亲道德模范的形象特征分析[J]. 教育教学（3）：58-63.

郑廷坤，2002. 论道德自律及其培养途径[J]. 河南师范大学学报（哲学社会科学版）（03）：78-82.

中国就业培训技术指导中心，人力资源和社会保障部社会保障能力建设中心，2013. 养老护理员（基础知识）[M]. 北京：中国劳动社会保障出版社.